#かわいい#楽しい#癒し

#動物園に行こう

はじめに

　なにかと自由がきかない昨今、動物たちの写真や動画を見て、癒される人も多いでしょう。動物園が公式SNSで発信している情報には、見ているだけで心が洗われる写真や、思わず繰り返し見てしまうおもしろい動画がめじろ押しです。全国の動物ごとに情報をまとめた本があったら読んでみたい！そして、その動画がまとまっていたら、もっといいのに…。そんな思いから、本書は誕生しました。

　動物たちの自然体でほぼ笑ましい写真や動画、エピソード。さらに各動物の特徴や性格、似ている動物の見分け方、動物の基本情報まで、動物について知りたいことが本書には詰まっています。

　すべての施設から、飼育員さんやスタッフのみなさんのコメントだけでなく、飼育の担当でないと撮れないような写真や動画もたくさん提供いただきました。日々見守る飼育スタッフにしか見せない動物たちの姿を、楽しんでください。

　「#かわいい」動物を知るきっかけとなり、
　「#楽しい」時間を過ごせる全国各地の施設を訪れ、
　「#癒し」の手助けとなることを願っています。
　最後に、制作にご協力くださったすべての施設の皆さまへ、心よりお礼申し上げます。

目次
- - - - -

本書の使い方

Ⓐ 動物について知る

紹介する動物の特徴や、分類、生息地、好物、寿命、大きさなどの基本情報を紹介。

Ⓑ 動物動画を Check!

QR コードをスマートフォンなどで読み取ると、動画投稿サイト「たびのび」（https://tabinobi.jp/）にアップされた、該当動物のかわいい動画を閲覧可能。※ QR コードは株式会社デンソーウェーブの登録商標です。

Ⓒ 自分の"推し"を探す

紹介する動物の名前や誕生日、性格などの情報を施設ごとに紹介。
※紹介する動物に名前がない場合や、施設側の希望で掲載のない場合もあります。

Ⓓ 施設について知る

飼育員さんからの情報や、撮影におすすめの時間帯や撮影場所を紹介。マークが点灯している場合のみ、右記サービスを体験できます。

- 飼育員さんによるガイド
- ごはんの時間を見学
- ふれあい体験

※コロナ禍で中止の場合があります。事前にご確認ください

Ⓔ 掲載施設の情報

アクセス情報、料金、営業時間、休業日、駐車場などの情報は P163 以降にまとめて掲載。本書で紹介している動物の一覧も要チェック。

Ⓕ 公式サイト

QR コードをスマートフォンなどで読み取ると、各施設の公式サイトへ飛びます。新型コロナウイルスの感染状況に応じて、各施設の営業時間やイベントの実施内容が変更になる可能性もあるため、訪問前に必ず確認を。

ご利用にあたって

■掲載施設の情報について

※本書掲載のデータは 2021 年 9 月末日現在のものです。発行後に、料金、営業時間、定休日等の営業内容が変更になることや、臨時休業等で利用できない場合があります。また、各種データを含めた掲載内容の正確性には万全を期しておりますが、おでかけの際には電話等で事前に確認・予約されることをお勧めします。なお、本書に掲載された内容による損害等は、弊社では補償いたしかねますので、予めご了承くださいますようお願いいたします。
※本誌掲載の料金は、原則として取材時点で確認した消費税込みの料金です。また、入園料などは、特記のないものは大人料金です。ただし各種料金は変更されることがありますので、ご利用の際はご注意ください。
※定休日は、原則として年末年始・お盆休み・ゴールデンウィーク・臨時休業を省略しています。
※本誌掲載の交通表記における所要時間はあくまでも目安です。

■掲載している動物について

※動物は生きものです。本の発売後に死亡・移動などの理由で、紹介している施設で見られない場合があります。
※赤ちゃんや子どもは成長するので、時期によって写真とは見た目が異なることも多々あると思います。なるべく誕生年を示していますのでご参照ください。
※「ANIMAL DATA」などの動物全体の情報は編集部調べです。説が異なる場合もありますのでご了解ください。

カバー写真協力：名古屋市東山動植物園／横浜市立金沢動物園ほか

全国動物園マップ

※各施設の詳細については「PART 6 全国動物園データ」(P163〜)を参照ください

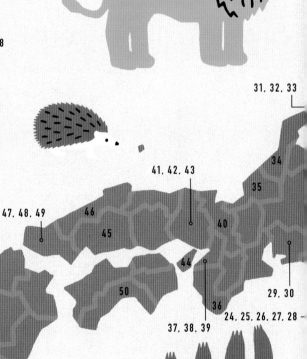

31, 32, 33

41, 42, 43

47, 48, 49

46

34

35

40

45

44

29, 30

51

50

36

37, 38, 39

24, 25, 26, 27, 28

52

#無敵の#かわいさ#動物の赤ちゃん#アルバム

無邪気に見つめる瞳、親子で過ごす姿、天使のような寝顔…。
思わず SNS にアップしたくなる動物の赤ちゃんの写真を集めました。

那須どうぶつ王国のスナネコ「アミーラ」（→ P34）。2020 年 4 月 27 日誕生。
#お姫様#大きな瞳#アイドル

♡ 💬 🔍

東京都恩賜上野動物園のジャイアントパンダ「双子の赤ちゃん」（→ P16）。2021 年 6 月 23 日誕生。
#生後 43 日目 #順調 #公開が待ち遠しい　　　　　　　　写真提供：（公財）東京動物園協会

♡ 💬 🔍

那須どうぶつ王国のコツメカワウソの四つ子。2020 年 4 月 24 日誕生。
#名前は #ガク #リン #チャチャ #ツツジ

♡ 💬 🔍

那須どうぶつ王国（誕生当時）のマヌルネコ「エル」。2019 年 4 月 22 日誕生。
#イケメン #現在は #名古屋市東山動植物園

＃無敵の＃かわいさ＃動物の赤ちゃん＃アルバム

♡ 🗨 🔍

高知県立のいち動物公園のシロテテナガザル「クリ」。
2018 年 12 月 18 日誕生。
＃赤ちゃんは＃真っ白＃母はチャコ

♡ 🗨 🔍

那須どうぶつ王国のレッサーパンダ「大福」「大事」
（→ P24）。2020 年 7 月 18 日誕生。
＃仲よし＃双子＃大人と同じ

♡ 🗨 🔍

伊豆シャボテン公園のカピバラ赤ちゃん。2018 年 4
月 23 日誕生。
＃お風呂＃大好き＃ママ＃大好き

♡ 🗨 🔍

埼玉県こども動物自然公園のフタユビナマケモノ「ノ
ン親子」（→ P115）。2021 年 6 月 22 日誕生。
＃抱きつき＃親子＃ゆっくり

1. 市川市動植物園のニホンザルの赤ちゃん。2019年6月10日誕生。
#生後2カ月 #瞳が #大きい

2. ニフレル（誕生当時）のアメリカビーバーの三つ子。2018年6月12日誕生。
#全国に #婿入り #嫁入り

3. 池田市立五月山動物園のウォンバット親子。1992年1月15日誕生。
#袋から #顔出し #瞬間

4. ニフレルのミニカバ「テンテン」（→P130）。2021年6月18日誕生。
#母は #フルフル #おてんば

5. 秋吉台自然公園サファリランドのトラ「チカラ」。2011年5月2日誕生。
#ネコみたい #ポーズに #悶絶

6. 伊豆シャボテン公園のリスザル親子。2021年5月5日誕生。
#木の上 #おんぶ #チラッ

7. 名古屋市東山動植物園のニシゴリラ「キヨマサ」。2012年11月1日誕生。
#父親は #シャバーニ #やんちゃ

8. 伊豆シャボテン公園のパルマワラビー親子。2021年2月7日誕生。
#カンガルー #手が #キュート

9. 伊豆シャボテン公園のミーアキャットの赤ちゃん。2021年3月7日誕生。
#出産 #ラッシュ #つぶらな瞳

PART 1

#アイドル#推し#かわいすぎる

赤ちゃん誕生で話題のジャイアントパンダから、
SNSやコマーシャルで注目のスナネコ、アルパカまで。
今、会いに行きたいアイドル動物を紹介します。

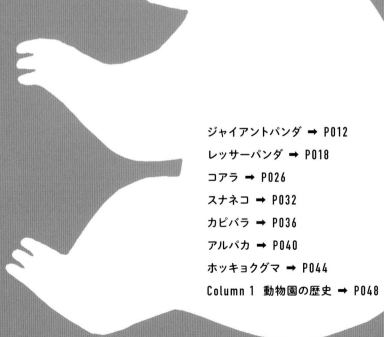

ジャイアントパンダ

親子一緒の期間は短い

生まれて1〜3カ月はカラダも小さい母乳の時期。その後、1年から1年半くらいは親子一緒に過ごします（母乳は飲み続けます）が、やがてひとり立ちします。双子パンダも母親と一緒の姿をよく見ます。

良浜（らうひん）

性別	メス
誕生	2000年9月6日
性格	寝るのが大好き

子育て上手でこれまで10頭の赤ちゃんを産み育てました。寝るときは遊具に両腕をかけて寝る、物干しスタイルの場合が多いです

＼ 動画で CHECK ／

日本の動物園のナンバーワンアイドルといえばジャイアントパンダではないでしょうか。3つの動物園で見られますが中国へ返還する個体もあります。

そもそも、日中友好のシンボルとして、初めて中国から上野にやって来たのが1972年。東京都恩賜上野動物園、アドベンチャーワールド、神戸市立王子動物園での飼育・繁殖など、努力と苦労の年月を経て、現在、かなり多くの個体を見られるようになりました。

ジャイアントパンダの主食は竹。中国には、昔、豊富な竹林があったため、エサに困らず、争いも避けられるということで竹を主食にしたようです。ちなみに「パンダ」とは、ネパール語で「竹を食べる者」の意味です。

ANIMAL DATA

【学名】
Ailuropoda melanoleuca
【分類】食肉目
ジャイアントパンダ科
【生息地】中国
【好物】竹類、笹類など
【寿命】約 20 年
【サイズ】
体長約 120 ～ 170cm
体重約 100 ～ 140kg

パンダはなぜかわいい？

頭が丸く、おでこが広く、その比率が成長しても変わらない、いわゆる赤ちゃん体型。この体型とコロンとしたフォルムが、いつまでも愛らしく、かわいいと思わせる一番の要因ではないでしょうか。

第 6・7 の指がある !?

座って竹をつかんでバリバリ。このおなじみのポーズのとき、手の両側にある出っ張った 2 つの骨が親指の役目を担い、竹を上手につかむことができるのです。これを第 6・7 の指とよぶことがあります。

＼ 元気
いっぱい ／

楓浜
ふうひん

性別　メス
誕生　2020 年 11 月 22 日
性格　好奇心旺盛

生まれた瞬間から元気がよく、お母さんのお腹から転げ落ちそうになることもしばしば。プレゼントされた遊具の上がお気に入りです

生後 3 カ月
の頃

桜浜
おうひん

- 性別 メス
- 誕生 2014年12月2日
- 性格 マイペース

＼だぁ〜／

永明
えいめい

- 性別 オス
- 誕生 1992年9月14日
- 性格 穏やかでのんびり

これまで16頭の子パンダの父になっています。ファミリー屈指のグルメで、おねだり上手。おいしい竹がないときなどは、大きな声で「メェー」と鳴いておねだりします

小さい頃から舌を出す癖があり、今でも竹がほしいときなどは、舌をベロッと出しながらスタッフを見つめて無言のアピールをします

アドベンチャーワールド パンダ家系図

五男・双子
明浜♂ めいひん
誕生：2006年12月23日
2012年12月に中国へ返還

長女・双子
愛浜♀ あいひん

幸浜♂ こうひん
誕生：2005年8月23日
2010年3月に中国へ返還

四男

三男・双子
秋浜♂ しゅうひん
誕生：2003年9月8日
2007年10月に中国へ返還

次男・双子
隆浜♂ りゅうひん

長男
雄浜♂ ゆうひん
誕生：2001年12月17日
2004年6月に中国へ返還

2代目お母さん
良浜♀ らうひん

おとうさん
永明♂ えいめい
来園：1994年9月6日

初代お母さん
梅梅♀ めいめい
誕生：1994年8月31日（中国）
来園：2000年7月7日
永眠：2008年10月15日

三女
優浜♀ ゆうひん
誕生：2012年8月10日
2017年6月に中国へ返還

次女・双子
陽浜♀ ようひん
誕生：2010年8月11日
2017年6月に中国へ返還

次男・双子
海浜♂ かいひん

長男・双子
永浜♂ えいひん
誕生：2008年9月13日
2013年2月に中国へ返還

長女・双子
梅浜♀ めいひん

014

結浜
ゆい　ひん

性別 メス
誕生 2016 年 9 月 18 日
性格 やんちゃ娘

頭のトンガリがチャームポイント。父の様子を見ていて、鳴いたらおいしいものがもらえると思い、がんばって鳴こうとして低い声で鳴くようになりました

桃浜
とう　ひん

性別 メス
誕生 2014 年 12 月 2 日
性格 活発だけどクール

小さい頃は双子の"桜浜"と一緒にいることが多かったですが、いつも姉のおやつまで全部食べてしまう、お父さんゆずりのグルメです

/////////////////////////////

アドベンチャー
ワールド

7 頭を飼育。「とてもグルメな動物なので、各個体好みの竹を準備しています。おいしい竹を食べているときは、目をつぶって堪能している表情がわかります」
（飼育スタッフ：福田 陽直子さん）

 お昼頃は寝ているので、竹を食べる朝か夕方がおすすめ。竹を食べる際、持つ手の方向へ首を振るため、斜めからがシャッターチャンス

DATA ➡ P181

展示場 -- パンダラブ／
ブリーディングセンター

彩浜
さい　ひん

性別 メス
誕生 2018 年 8 月 14 日
性格 物怖じしない

おやつがほしいとき「キュン、キュン」と赤ちゃんパンダのような高くて大きな声で鳴きます。今でも甘えん坊の一面があります

ひしっ

八女

七女

六女

五女・双子

四女・双子

楓浜♀　　彩浜♀　　結浜♀　　桃浜♀　　桜浜♀
ふうひん　さいひん　ゆいひん　とうひん　おうひん

◯ で囲まれたジャイアントパンダは、現在アドベンチャーワールドで暮らしています。

生まれて
48日目の頃

双子のパンダ（長男・次女）

- **性別** 左：オス／右：メス
- **誕生** 2021年6月23日
- **性格** まだ不明

待望のパンダの赤ちゃんが誕生。一般的にパンダは2頭同時に世話をすることが少ないとされていて、1頭の世話をしている間、もう1頭は飼育員さんが世話をします。オスはシャオシャオ、メスはレイレイと命名。

シャンシャン（長女）

大きくなりました

- **性別** メス
- **誕生** 2017年6月12日
- **性格** おてんば

漢字で書くと"香香"。行動も落ち着いて、すっかり大人の風格です。2021年12月末までに中国への返還が決まっています

東京都恩賜上野動物園

5頭を飼育しています。「2020年9月にオープンした『パンダのもり』は、ジャイアントパンダの生息地である、中国南西部の高山地域の風景を参考につくられた、新しい展示場です」（スタッフ）

📷 「パンダのもり」の屋外展示場は目線をさえぎるものがなく、間近の観察が可能（室内は撮影禁止）。見学ルールは公式サイトで確認を

DATA → P173

展示場 -- 西園「パンダのもり」／
東園「ジャイアントパンダ舎」

写真提供：（公財）東京動物園協会

どっちが
おいしいかな？

旦旦
タンタン

- - - - - -

性別　メス
誕生　1995年9月16日
性格　マイペース

得意のおねだりポーズを駆使して好物がもらえるまで熱い視線を送ります。その圧は驚異的！ 中国返還の時期は未定です

神戸市立王子動物園

「飼育員やみなさんに愛された旦旦を1頭飼育しています。老齢期に入っているため、体調の変化に素早く気付けるよう気をつけています。なるべく旦旦のペースで生活ができるよう工夫しています」（飼育員：吉田 憲一さん）

屋内展示場の観覧通路などから、タイヤに座って食事をしている姿や、寝台で休んでいるときのおしりなどがおすすめ

DATA ➡ P184

展示場 -- パンダ館

リーリー（父）
- - - - - - - - - - - -

性別　オス
誕生　2005年8月16日
性格　やさしくておっとり

マイペースですが、急に走り出したり、木に登ったり、地面を転げまわったり、すべって転んだり、アクティブな一面もあります

シンシン（母）
- - - - - - - - - - - -

性別　メス
誕生　2005年7月3日
性格　食いしん坊

食べ物のためならトレーニングも積極的に行う食いしん坊です。スタッフの動きや指示のパターンを先読みして行動するなど、頭脳派の一面も

褐色リングが美しい尾
カラダの毛はやわらかくて長く、尾はフサフサで褐色のリングが目立ちます。また、丸い頭と三角にとがった耳も特徴的。種類はシセンレッサーパンダとニシレッサーパンダが知られています。

レッサーパンダ

#小さい#パンダ#立ち姿#キュート

動画で
CHECK

鹿児島市平川動物公園の
"茜"の顔のアップです

　元祖パンダのレッサーパンダは、ジャイアントパンダの登場で、日本では地味な存在に追いやられていました。しかし千葉市動物公園の〝風太〟の立ち姿が話題になり、一気にそのかわいさに焦点があたり、人気動物の仲間入りを果たしたのです。レッサーパンダもジャイアントパンダと同じく竹や笹が好物ですが、動物園ではリンゴなどを食べている風景を見かけます。

　現在、日本でレッサーパンダを飼育・展示している施設は50カ所以上。どこも人気が高く、複数の個体が家族で暮らしている（同居とは限らない）スタイルも多数です。なお、日本のレッサーパンダの繁殖管理などを行っているのは静岡市立日本平動物園で「レッサーパンダの聖地」といわれています。

スバル
えらいね〜

スバル

【性別】オス
【誕生】2010年6月26日
【性格】マイペースで慎重派

"風美"のお婿さんとして来園し、2頭の父親になりました。ほかの個体より全体的に白っぽくて、尾が立派です。健康チェックにも積極的に協力してくれます

//////////////////////////////////

鹿児島市
平川動物公園

オス1頭、メス2頭の計3頭がいます。「みんな木登りが得意で、上る姿はもちろん下り姿もかっこいいです。毎日、健康管理のためのトレーニング（体重測定や口腔内チェック等）を行っています」
（技師：日髙 愛子さん）

📷 展示場の柵付近がベストポジション。特に秋は紅葉で見応えがあります。木に登ったり休んでいる姿や竹を食べている様子が◎

DATA ➡ P189

展示場 -- レッサーパンダ舎

木登りが得意でトレーニングも大好きです

立ってます

風美（ふうみ）

【性別】メス
【誕生】2007年7月11日
【性格】物怖じしない

千葉市動物公園"風太"の娘です。これまで3頭の子どもを育てました。新しいモノや人、環境にすぐに慣れる順応性があります

パンダ＝レッサーだった

そもそも「パンダ」といえにレッサーパンダのことでしたが1869年にジャイアントパンダが発見されてから「小さいほうの」という意味の「レッサー」を加えて、現在の呼び名になりました。

立つのは珍しくない

レッサーパンダは、周囲の様子をうかがうときや威嚇するときなどに直立するため、立ち姿は珍しくありません。有名な"風太"以外にも、さまざまな動物園で立ち姿が見られます。

シセンレッサーパンダ
ANIMAL DATA

【学名】	*Ailurus fulgens*
【分類】	食肉目 レッサーパンダ科 レッサーパンダ属
【生息地】	中国、インド、ネパールなど
【好物】	竹類、笹類など
【寿命】	約10〜15年
【サイズ】	
体長	約50〜65m
尾長	約30〜55cm
体重	約3〜7kg

風太
<small>ふうた</small>

- (性別) オス
- (誕生) 2003年7月5日
- (性格) 好奇心が強い

レッサーパンダの人気をグンと引き上げた張本人。繁殖にも貢献し、全国に子・孫がいます。歳は取りましたが、今でもときどき立ち姿を見せてくれます

じいさん
元気です

ユウ

- (性別) メス
- (誕生) 2015年6月28日
- (性格) マイペース

"風太"の孫で"メイメイ"といつも仲よし。ちょっとマイペースですが、お婿さん候補の"タイヨウ"との仲も気になるところです

みい

- (性別) メス
- (誕生) 2013年6月23日
- (性格) 食いしん坊

食いしん坊なのでオスよりやや大きく見えます。エサを見せるとすぐに木から下りてきます。食べるスピードも一番です

千葉市動物公園

右図の7頭が暮らしています。「みんな、顔の模様がさまざまです。寒いところの出身なので毛がふさふさ。ただ、暑さに弱いのと、高齢になると歯が悪くなるので健康チェックには気をつけています」
（飼育員：水上 恭男さん）

📷 屋外展示場は夕方が逆光になるため、午前中から昼頃がおすすめ。立ち姿なら、昼過ぎに追加する笹を食べる瞬間が狙い目です

DATA → P170

展示場 -- 小動物ゾーン

風太ファミリーの関係図

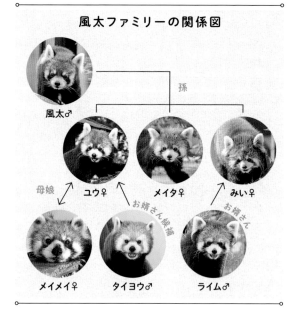

風太♂

孫

母娘 → ユウ♀   メイタ♀   みい♀

お婿さん候補

お婿さん

メイメイ♀   タイヨウ♂   ライム♂

＼お〜〜ぃ／

レイファ(左)／ニーコ(右)

性別	メス
誕生	2019 年 7 月 12 日
性格	いつも仲よし

2頭は父 "モッチー" と母 "まつば" の間に生まれた双子姉妹です。写真は、子ども時代のもので、短い手を上げている "レイファ" は威嚇（?）のつもり

左が "ニーコ" で、右が母親の "まつば" です。双子姉妹も成長し、見た目ではお母さんと区別がつきません

鯖江市西山動物園

10 頭を超える個体がいて、飼育の歴史も繁殖数も国内有数です。「健康管理はもちろんですが、退屈な時間を減らすためにごはんの与え方を変えたり、遊び道具を与えるなどの工夫をしています」（飼育員：中嶋 公志さん）

📷 個体との距離が近く、「レッサーパンダのいえ」は 360 度見渡せて撮影がしやすいです。ランチタイムの 11:00 前後がおすすめ

DATA ➡ P181

展示場 -- レッサーパンダ舎／
レッサーパンダのいえ

ピースケ

性別	オス
誕生	2020 年 6 月 27 日
性格	わんぱくで人なつっこい

赤ちゃんの頃からパワフル。お母さんの "かのこ" と暮らしていますが、やんちゃで体格もいいのでお母さんも大変です

おねだり
上手

笑ってる?

決め
ポーズ

ノン

性別	メス
誕生	2009 年 6 月 19 日
性格	子育て上手

"ヒカル"など数頭の子どもを出産したベテランママ。子育ても上手です。表情豊かで、この写真はまるで笑っているようにも見えます

ヒカル

性別	オス
誕生	2015 年 7 月 19 日
性格	元気いっぱい

すくっと立ち上がったり、空手のようなポーズを決めたり、大あくびしたり、いろいろな姿や表情を見せてくれます

長野市
茶臼山動物園

「オス 5 頭、メス 11 頭の計 16 頭は国内飼育数トップクラスです。屋外展示場は周囲の山や樹木、林と一体化した自然あふれる環境。野生に近い姿を見ていただけます」(飼育員：犬飼 啓史さん)

📷 木の上でのんびりしているところを真下から狙ってみてください。ほかの動物園では撮影できないアングルからのカットが撮れます

DATA → P179

展示場 -- レッサーパンダの森

ミルクの双子

性別	メス
誕生	2021 年 7 月 1 日
性格	甘えん坊

茶臼山動物園にとっては 6 年ぶりとなる待望の赤ちゃん誕生。しかも双子です。母親の"ミルク"は初の出産&子育てとなります

2021 年
7 月生まれ

よいしょ
よいしょ

秋田市
大森山動物園
～あきぎん オモリンの森～

家族6頭で暮らしています。兄弟バトルも見どころかもしれません。「どのようにして、ごはんを食べているのかを見てほしいです」
（技師：阿比留 優一さん）

📷 屋外展示場であれば、かわいい表情は正面から。寝ているときの足のぶら下がり方や、木に登るシーンもシャッターチャンスです

DATA ➡ P166

展示場 -- レッサーパンダ舎

子ども時代に歩く
姿はユーモラスで
とってもキュート

かんた (右)
/ひなた (左)

性別	オス
誕生	2018年7月12日
性格	怖いもの知らず／やや慎重

双子の兄弟。「担当初日は普通、警戒して距離をとるのですが"かんた"はまったくの無警戒。"ひなた"はおとなしい性格です」（担当者談）

いしかわ動物園

4頭います。「暑さが苦手で、人が暑いと感じる日は"ものすごく暑い日"のようです。夏は涼しい部屋と展示場を出入り自由にしています」（技師：田中 愛さん）

📷 13:00頃の「お食事ガイド」で、おやつのリンゴを上手につかんで食べる様子が狙い目です。暑い日は寝そべっているシーンもぜひ

DATA ➡ P180

展示場 -- 小動物プロムナード

ハル

性別	オス
誕生	2013年8月15日
性格	とにかくマイペース

一番のイケメン。「今日は部屋に帰りたくない」と決めると、かたくなに木の上から下りてきません。特技は飼育員との我慢比べです

キリッと
した顔

ちょっかい

なんだよ〜

那須どうぶつ王国

「柵がないので間近で観察できます。エサをもらうときは、木の上に登るので、ちょうど真上に来てくれます。竹やリンゴを上手に持って食べる姿を見てください」

（飼育員：二川原 美帆さん）

 不定期ですが、トレーニングしたり、エサをあげたりする時間があります。飼育員の足にしがみついてくるシーンなどを狙いましょう

DATA → P168

展示場 -- アジアの森

大福（左）／大事（右）

性別	オス
誕生	2020 年 7 月 18 日
性格	慎重／やんちゃ

当園生まれの双子。2 頭ともトレーニングをがんばっています。エサがほしいときなどは、笑顔で飼育員にアピールします

ジジ

性別	オス
誕生	2009 年 6 月 19 日
性格	おっとりしている

2011 年に来園した当園の初代レッサーパンダです。子どもも孫もできて、おじいちゃんになりましたが、かわいさ健在です

日立市 かみね動物園

4 頭を展示。「レッサーパンダが散歩できるアスレチックを高い場所に設置しています。高いところが好きなので、なんだか安心している様子がみられます」

（飼育員：中村 祐輝さん）

 高い場所にいることが多いのでガラス越しではない写真を撮れます。階段からひょっこり顔を出すこともあります。おすすめは寝顔！

DATA → P167

展示場 -- レッサーパンダの竹林

いつも高い所にいます

ゆい

性別	メス
誕生	2014 年 6 月 28 日
性格	おてんば娘

来園日が飼育員の誕生日。展示場の整備で大変だったものの"ゆい"が元気いっぱいに駆け回る姿を見て、疲れが吹き飛んだそうです

静岡市立
日本平動物園

8頭を飼育。繁殖管理を行っていることからレッサーパンダの聖地といわれます。「暑さが苦手なので、秋から春の屋外放飼場に出ている時期がおすすめです」
（主任技師：中村 あゆみさん）

🔘 涼しい時期が動きが活発で、午前中のほうが起きていることが多いです。お食事タイムのリンゴを持って食べる姿がキュート

DATA ➡ P175

展示場 -- レッサーパンダ館

とにかくよく食べます。ほかの個体の2～3倍は食べています

動物園一の
食いしん坊

縞縞（ガオガオ）

性別 **オス**
誕生 **2015年6月27日**
性格 **控えめで慎重
（エサが絡まなければ）**

目の上の白い毛が三角まゆみたいで、一番顔が見分けやすいです。普段は控え目なのですがエサが絡むと我慢が難しいようです

市川市動植物園

3つのレッサーパンダ舎に10頭がいます。「その日の動き・顔の表情などを見てエサの量や与え方を変えたりしています」
（飼育員：入倉 多恵子さん）

🔘 屋外展示場の周囲からねらっていると、散歩しながら、ときどきこちらに顔を向けることがあります。じっくりシャッターチャンスを狙って

DATA ➡ P171

展示場 -- レッサーパンダ1号舎

この動物園で
最年長

ナミ

性別 **メス**
誕生 **2002年7月15日**
性格 **多少のことでは動じない**

生後1年足らずで当園に来て、何頭もの子を産み育て、孫やひ孫、玄孫までいます。元気なところを見ているだけで希望がわいてくるような存在です

コアラ

#もふもふ #寝てる #ユーカリが好物 #跳ぶ!?

どうしていつも寝ている?

ユーカリは食べても栄養価が低く消化を阻害する成分が入っているため、ほかの動物は常食にできません。コアラは食べるのは大丈夫ですが、分解にエネルギーを使うため体力節約でずっと寝ています。

動画で
CHECK

オスとメスの見分け方

オスのコアラの胸には、においを出す臭腺があります。ここから褐色の分泌液が出るので胸が茶色くなります。胸が茶色であればオス、そうでなければメスと見分けることができます。

コアラが初めて日本にやって来たのは1984年。名古屋市、鹿児島市、東京都の3園に来園し、たちまち、ジャイアントパンダに並ぶブームとなり、もこふわ、かわいい動物の代名詞となりました。その人気は今も不動。日本では7つの動物園でコアラを見ることができます。多くはないですが、それぞれ複数の個体が展示されているので、頭数は意外と多いです。

コアラの赤ちゃんが生まれたニュースはたまに耳にしますが、約1カ月で出産し、半年はお母さんのお腹にある袋（育児のういています）の中にいます。袋から顔を出し始めて1・2カ月は袋にいて、袋を出たあと約4カ月はお母さんにくっついています。その期間が親子の姿を見るチャンスです。

埼玉県こども動物自然公園の
"ふく"のアップです

ハニー

性別 メス
誕生 2014年8月3日
性格 愛嬌たっぷり

比較的大きなカラダの"ハニー"は写真でも愛嬌のある仕草を見せてくれます。丸い顔でとってもやさしい表情のお母さんです

埼玉県こども動物自然公園

10頭近くを飼育。「午前中にユーカリを取り換えるので、食べたり、好みのユーカリを探して動く姿が見られる場合があります。木を複雑に組んであるので枝から枝へジャンプすることも」
(飼育係：二場 恵美子さん)

🔘 展示室は六角形。うち4面がガラス張りで180度以上のいろいろな角度から撮れます。展示通路の真ん中あたりが接近ポイント

DATA → P169
DATA → P169

展示場 -- 東園「コアラ舎」

ふく

性別 メス
誕生 2019年6月12日
性格 好奇心旺盛

親離れ前にお母さんが亡くなったため、ほかの子育て中のお母さんに助けられて大きくなりました。ぱっちりとした丸い目、ふさふさの耳の毛が特徴です

得意技は木登り。ジャンプもする!?

親指と人差し指がほかの指と離れており握力も強いので、木の枝をつかみやすく木登りが得意です。木の上で暮らしますが、必要なら木から木へとジャンプもします。

ANIMAL DATA

【学名】	
Phascolarctos cinereus	
【分類】	
カンガルー目	
コアラ科 コアラ属	
【生息地】	オーストラリア
【好物】	ユーカリ
【寿命】	13〜15年
【サイズ】	
体長約65〜85cmくらい	
体重約4〜15kg	

Zoom

2021年3月に「史上最高齢の飼育されたコアラ」として長寿ギネス世界記録に認定されました。以前の23歳の記録を上回りました

みどり

性別	メス
誕生	1997年2月1日
性格	のんびり屋さん

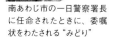

2003年にオーストラリアからやって来て約20年。人間でいうと100歳以上になりますが"みどり"おばあちゃんはまだまだ元気

南あわじ市の一日警察署長に任命されたときに、委嘱状をわたされる"みどり"

淡路ファームパーク イングランドの丘

「6頭のうち4頭は南方系コアラという系統で、日本では当園にしかいません。カラダが大きく毛も長めで色が濃いのが特徴です。エサの好みが激しく、常に数種の新鮮なユーカリを確保しています」(飼育員：後藤 敦さん)

 エサを交換する11:30頃が狙い目。基本的には観覧通路からの撮影になりますが、ジャンプすることもあるのでおもしろい写真が撮れるかも

DATA → P185

展示場 -- グリーンヒルエリア「コアラ館」

ゆうき

性別	オス
誕生	2009年6月1日
性格	草食系イケメン

ベテランのイケメンコアラで寝顔が有無をいわせぬかわいさです。考えているようなポーズをしながら背中を丸めて眠ったりします

マイ

- **性別** メス
- **誕生** 2019 年 5 月 15 日
- **性格** 甘えん坊

うしろに
誰かいる…

"ハナ" と同じ月生まれ。母親の "ウメ＝梅" の漢字のつくり部分から "毎＝舞＝マイ" と命名。花が舞うような姉妹になれるかな

どっちのポーズが
カッコいい？

だいち

- **性別** オス
- **誕生** 2013 年 8 月 18 日
- **性格** マイペース

作業しているスタッフに、よくちょっかいを出します。地面に座る姿が SNS に投稿されると「おじさんのよう」「中に人が入っているみたい」と話題に

神戸市立 王子動物園

6 頭を飼育。「1 日のほとんどは休息していて、ごはんのときだけ動く感じです。ユーカリの葉しか食べないため、限られた種類を組み合わせたり、より新鮮なユーカリをあげる工夫・努力をしています」（飼育員：坂本 健輔さん）

🔘 13:00 頃の食事タイムは活発な姿を撮影することができます。食事タイム以外では、16:00 以降に採食することが多いので狙い目

DATA → P184

展示場 --
動物とこどもの国エリア「コアラ舎」

オウカ(母)／ハナ(子)

- **性別** メス
- **誕生** 母：2016 年 9 月 25 日 ／子：2019 年 5 月 20 日
- **性格** 甘えん坊

"オウカ" は "ハナ" が初出産。今も親子で一緒に暮らしています。母親の "オウカ＝桜花" から "花＝ハナ" を名前にもらいました

上が出産前の頃の"ぼたん"。右が母親になった"ぼたん"の親子ショット

横浜市立
金沢動物園

4頭を展示。「ユーカリは同じ品種だと飽きてしまいます。当園では8つの生産地から9種の品種を入手しています。組合せを考え、飽きずにおいしく食べられるようにしてます」（飼育員：野口 忠孝さん）

ユーカリを交換するときか、夕方閉園前15:30〜16:15くらいは比較的動いています。"たんぽぽ"の丸くてかわいいお尻をぜひ写真に

DATA ➡ P175

展示場 -- オセアニア区「コアラ舎」

写真提供：横浜市立金沢動物園

ぼたん（母）

- 性別 メス
- 誕生 2017年5月12日
- 性格 みんなに好かれる

おいしそうにユーカリを頬張る姿が魅力ですが、ふんぞり返って食べる「社長食い」を"たんぽぽ"と親子で見せてくれます

たんぽぽ（子）

- 性別 メス
- 誕生 2020年11月8日
- 性格 やんちゃ

ユーカリの交換時、新しいユーカリを壁に立てかけておくと、それを早く食べたくて飛びついてひっくり返してしまいます

つくし

性別	メス
誕生	2020 年 9 月 3 日
性格	甘え上手

"りん" の初めての子どもが "つくし" です。公募で名前も決まり、同い年の "いぶき" と一緒に命名式も実施されました

名古屋市 東山動植物園

11 頭を飼育・展示。「1 日の大半を寝て過ごすためか、動きがゆっくりと思われがちですが、起きているときの動きは意外と俊敏です」（コアラ担当飼育員）

 朝や夕方にわりと動くのと、昼すぎにユーカリを交換するので、その前後もよく動きます。屋内展示でガラス越しでの撮影になります

DATA → P178

展示場 -- 動物園本園「コアラ舎」

りん

性別	メス
誕生	2018 年 8 月 23 日
性格	おっとりしている

"こまち" とともにコアラ舎のアイドル姉妹となりました。"こまち" は他園へ移動しましたが "りん" は 2020 年、母親となりました

写真提供：名古屋市東山動植物園

鹿児島市 平川動物公園

12 頭を飼育・展示しています。「2020 年生まれのオス 2 頭など小さいコアラもいます。エサの時間などはけっこう活発に動きますよ」（コアラ担当飼育員）

 新しくなった「コアラ館」はウォークスルー方式でガラスなしで撮影できます。エサのユーカリを交換する時間がシャッターチャンス

DATA → P189

展示場 --
オーストラリア園「コアラ館」

インディコ

性別	メス
誕生	2019 年 12 月 22 日
性格	おっとりしている

他園に貸し出している "イシン" の娘が当園に帰って（?）来ました。名前の意味は「月」。丸々とした顔とふわふわの耳が特徴です

スナネコ

動画で CHECK

かわいい顔して実は獰猛な一面も⁉

砂漠という過酷な環境に生息する肉食の野生ネコ。そのためか警戒心が強く、顔はかわいいのですが、牙や爪も鋭く気性も荒い獰猛な動物です。そのため、飼育員もさわれません。

スナネコという、かわいらしいネコが日本で初展示されたのは2020年の春。ココで紹介している、那須どうぶつ王国と神戸どうぶつ王国の2園で同時公開されました。そのかわいさで、SNSでも話題になり、またたく間に人気者となりました。

ただ、実はこのスナネコ、飼育員もふれることができないほどの動物なのです。「砂漠の天使」と称されるように、アフリカやアジアの砂漠地帯が生息地。過酷な環境を生き抜いてきたためか、ほぼ厳しい表情をしています。

展示は今も2園のみで。それぞれ、家族で暮らしています。特に、那須どうぶつ王国の四姉妹は必見。神戸どうぶつ王国には、公式『スナネコチャンネル』もあります。

032

バリー(左)／マフ(右)

- (性別) メス／オス
- (来園) バリー 2019年10月
- (誕生) マフ 2020年11月6日
- (性格) どちらも警戒心が強い

"バリー"はアラビア語で「未来の」という言葉から。息子の"マフ"は「救世主」の意味で、親子あわせて「未来の救世主」です

神戸どうぶつ王国

4頭の家族展示です。「普段の飼育管理では直接ふれることができないので、さわらなくても身体の状態をチェックできるよう(特に普段見えにくい腹側)トレーニングを行っています」
(飼育スタッフ:馬場 瑞季さん)

 スナネコと同じ目線で撮れるとベスト。エサを食べているときや寝ているときに、たまに見える肢の裏の特徴的な毛にも注目です

DATA → P184

展示場 -- アフリカの湿地

※マフとキサクは繁殖への取り組みのため他園へ引っ越しました(2022年2月現在)

キサク

- (性別) オス
- (誕生) 2020年8月23日
- (性格) 好奇心旺盛

漢字で書くと「既朔」。旧暦で毎月2日に出る月の名前で、あとは明るくなっていくだけ、という願いを込めてつけられました

ムスタ

- (性別) オス
- (来園) 2019年10月
- (性格) おっとりしている

顔の形が四角く、やや大きめです。"ムスタ"と"バリー"を合わせた「ムスタクバリー」が「未来の・将来の」という意味

那須どうぶつ王国のアイドル
スナネコ"アミーラ"

こう見えて
ハンターとして一流

小さいカラダですが、鳥類やネズミ、ウサギ、ヘビといったものを捕まえて食べます。動物を狩る手際も優秀で、かなり腕利きのハンターといえます。

耳や毛の色、足の裏…どれも砂漠対応

毛色は砂の色にまぎれるため、足の裏は熱対策で毛が生えています。また、耳が写真のように長い毛で覆われているのも砂が入るのを防ぐため。砂漠の生活に合わせて進化しました。

ANIMAL DATA

【学名】	
Felis margarita	
【分類】	
食肉目 ネコ科 ネコ属	
【生息地】	アフリカ北部、
西・中央アジア	
【好物】	小型ほ乳類、爬虫類、
昆虫類など	
【寿命】	約10〜12年
【サイズ】	
体長約39〜57cm	
体重約2〜3kg	

ジャミール
- - - - - - - - - -
(性別) **メス**
(来園) **2019 年 10 月 20 日**
(性格) **がんばり屋さん**

顔が丸くて白い、四姉妹の
お母さんです。お昼前後は
隠れていることが多いので
すが、たまにガラスの近くま
でやって来てくれます

父は
かっこいいのだ

シャリフ
- - - - - - - - -
(性別) **オス**
(来園) **2019 年 10 月 20 日**
(性格) **落ち着いている**

アゴの筋肉が大きめの四姉妹の
お父さん。骨を食べる姿はかなり
ワイルドです。昼間は、壁の岩の
上で休んでいることが多いです

アミーラ
- - - - - - - -
(性別) **メス**
(誕生) **2020 年 4 月 27 日**
(性格) **活発でお茶目**

名前は、アラビア語で「お姫様」
の意味。小顔で目がややつり目の、
当園生まれのアイドルスナネコです。
よく壁走りをしています

那須どうぶつ王国ファミリー

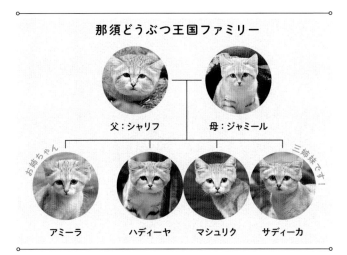

父：シャリフ　　母：ジャミール

お姉ちゃん　　アミーラ　　ハディーヤ　　マシュリク　　サディーカ　三姉妹です！

※アミーラ、ハディーヤ、マシュリク、サディーカの4姉妹は繁殖への取り組みのため他園に引っ越しました（2022年2月現在）

サディーカ（左）／マシュリク（右）

- 性別　メス
- 誕生　2020年7月9日
- 性格　サディーカは警戒心強め、
　　　　マシュリクは好奇心旺盛

たれ目の"サディーカ"と、いつも半目の"マシュリク"。2頭はよく一緒にいて、いつも元気に走り回っています

背中に哀愁が…

さあ、2頭はいったい何を見ているのでしょう？

なにかな？

那須どうぶつ王国

父・母と娘4頭の家族6頭を展示。「展示場には骨付きの肉を設置しています。スナネコは肉食なので、野性的に食らいつく姿が見られます。かわいいのですが、飼うことはできない動物です」
（飼育員：橋本 渚さん）

🄯 展示場の正面から。少し下からのアングルが光の反射がなくて撮りやすいと思います。親たちは夕方頃起きて動き出すので要チェック

DATA → P168

展示場 -- 王国タウン「保全の森」

ハディーヤ

- 性別　メス
- 誕生　2020年7月9日
- 性格　ちょっと強気

"サディーカ""マシュリク"と一緒に生まれましたが"ハディーヤ"は人工哺育で育ちました。今は木登りが得意で元気に遊んでいます

あったまるぅ

カピバラ

#ゆるい顔 #癒される #接近 #エサやり

視力は弱いが鼻はいい

草などをあげるとカピバラは寄ってきますが、実はエサがあまり見えていないようです。視力は弱いのですが、その分、優れた嗅覚があり、エサも臭いで嗅ぎ分けています。

ANIMAL DATA

【学名】
Hydrochoerus hydrochaeris
【分類】ネズミ目
テンジクネズミ科 カピバラ属
【生息地】南アメリカ東部の
川や沼など
【好物】草、水草など
【寿命】約5〜10年
【サイズ】体長約80cm
体重約50〜60kg

動画でCHECK

カピバラが人気動物の仲間入りをしたのは、露天風呂に気持ちよさそうに入っているシーンがSNSで話題になってから。その元祖は伊豆シャボテン動物公園で、1982年冬、小さな湯だまりにカピバラたちが集まったため、試しに露天風呂をつくったところ、カピバラに大好評。そこから、カピバラの露天風呂は始まりました。

カピバラは泳ぎが得意で、肢には水かきがあります。そして水上に顔を出すとき、耳・目・鼻が一直線になります。これは周囲を見渡すためで、カバと同じ構造です。

カピバラがいる動物園・水族館等は全国で70カ所近くあります。放し飼いにしているところ、エサやり体験ができるところも多く、かなり大接近ができる動物です。

036

伊豆シャボテン動物公園のカピバラ。露天風呂入浴中

伊豆シャボテン
動物公園

8頭の賑やかな家族。「案外運動神経が良く、泳ぎや走るスピードも速いんです。おやつをもらうときは立ち上がってアピールしますよ。露天風呂イベントでは毎週末、何かを浮かべた変わり湯を実施します」（飼育員：滝口 優さん）

📷 お風呂の看板が見える露天風呂の真ん中あたりか、柵の周り。お風呂につかっているときであれば、気持ちよさそうにしている表情

DATA ➡ P176

展示場 --
カピバラの露天風呂展示場

どうしてお風呂が好き？

南米が故郷のカピバラは寒さが苦手です。もともと水辺で暮らしていますが、寒い冬は水に入りません。でも、水に入ること自体は大好きなので、お湯が入ったお風呂なら喜んで入ります。

ふたまる

性別　オス
誕生　2020年2月8日
性格　甘えん坊

当園生まれで、群れのなかで一番若い新米パパです。露天風呂が大好きで、家族みんなで入っている風景は微笑ましい限り

世界最大のネズミ

カピバラはネズミの仲間です。そして、体長約80cmくらいあるので、ネズミ目では最大の大きさ、つまり「世界最大のネズミ」です。なんとなく顔がネズミに似ていると思いませんか？

市原ぞうの国

10数頭が、比較的ゆったりしたスペースに放し飼いされていて、エサもあげられます。「とっても人になついているカピバラばかりです。赤ちゃんカピバラも接客上手です」（広報担当：佐々木 麻衣）

📷 放飼場の中に入ってエサをあげると寄ってくるのでシャッターチャンス。しゃがむだけで近づいてくるので接写が可能

DATA ➡ P171

展示場 -- カピバラふれあい広場

ヒィちゃん

性別　オス
誕生　2019年10月11日
性格　のんびり屋さん

食べて寝ることが大好きなので、比較的、体格がいいほうです。ほかの兄弟カピバラたちと一緒にのんびりと過ごしています

やめて〜

ヘチマ／イワナ／セリナ／イリサ（子）

性別	メス
誕生	2018 年 10 月 30 日
性格	ヘチマは気が弱い、イワナは動じない性格、セリナとイリサは大の温泉好き

右の 4 頭の子どもは頭文字をつなぐと「ヘイセイ」になる平成 30 年生まれ。一番左は最年長のメス"カンナ"、左から 2 番目は母親の"心音"です

埼玉県こども
動物自然公園

「2000 年に飼育を開始し、これまでに 100 頭近い個体を飼育展示してきました。現在はオス 2 頭とメス 6 頭の計 8 頭で、みんな家族です。ワラビーと一緒に展示しているのも興味深いですよ」
（飼育係：野口 真嗣さん）

📷 水の周りによくいます。水に入っているときは、鼻・目・耳が一直線になって水上に出ている顔を。ワラビーと一緒のカットもぜひ

DATA ➡ P169

展示場 --
東園「カピバラ・ワラビー広場」

👀 👂 ✋

親子で打たせ湯。なんとも気持ちよさそう

8 頭みんなでのんびりと暮らしています

/////////////////////////////////////

那須どうぶつ王国

20頭近くが放し飼いされています。「夏は大きな池で泳ぎ、冬は打たせ湯やお風呂でくつろいでいます。相関図も展示しています」
（飼育員：橋本 渚さん）

 放し飼いなので、正面の低い位置から。そのとき空も入れるといい写真になりますよ。大接近できるので顔のアップなども可能です

DATA ➡ P168

展示場 -- カピバラの森

コブ

性別　オス
誕生　2019年9月6日
性格　自由気まま

2021年「第9回カピバラの長風呂対決」で優勝しました。当園生まれで泳ぐことが得意。自由気ままなところが魅力です

エサやり
できます

エサ100円を買ってあげてみましょう

/////////////////////////////////////

長崎バイオパーク

約20頭がいます。「近くで見てさわって、カピバラを感じてほしいです。なでられて、うっとりした顔がかわいいです」
（飼育員：十九本 美里さん）

 展示場は放し飼い。自由にのんびり、ナイスショットをねらいましょう。寝顔や日向ぼっこしている、ちょっと抜けた表情がおすすめ

DATA ➡ P189

展示場 --
カピバラの池とオマキザルの島

気が弱いのでエサを横取りされています。展示場中央にあるフサオマキザルの島がお気に入りで、よくそこで寝ています

Zoom

冬にストーブを焚くとカピバラがみんな寄ってきます。夏にはスイカをほおばるなど、季節ごとにカピバラの違った表情が楽しめます

なんか幸せ

りょうすけ

性別　オス
誕生　2018年9月5日
性格　少し気弱

ラクダのような
口に注意⁉

感情表現が豊かで、よくラク
ダのように口をモゴモゴして
います。うれしいときはスキッ
プしたりしますが、怒ったり
怖いときは、ツバをはいたり、
耳をうしろに伏せたりします。

色は白だけじゃない

白のイメージが強いですが、実
は約25の毛色があるといわれ
ています。白系ではクリーム色
やバニラホワイトなど3種、黒
系2種、茶系5種、ベージュ
系5種、グレー系9種と、か
なりの種類があります。

#もこふわ#代表#CM#見かける

アルパカ

動画で
CHECK

ANIMAL DATA

【学名】*Vicugna pacos*
【分類】偶蹄目 ラクダ科
ビクーニャ属
【生息地】南アメリカなど
【好物】草、コケなど
【寿命】約15〜20年
【サイズ】体長約2m
体重約50〜55kg

某テレビCMの圧倒的なかわい
さで、一躍、もこふわ界のアイド
ルとなったアルパカ。近年、ふれ
あったり、エサをあげたりできる
スポットも増えています。動物園
に限らず、牧場やアニマルテーマ
パークなどでよく見かけるのも大
きな特徴。全国30カ所以上の施設
で会うことが可能です。

アルパカは、南米アンデス地方
の海抜3500〜5000mあた
りに生息。現在はさまざまな場所
で家畜としても飼育されています。

総じてお尻がキュート、ヒヅメは
ハート型、足はX脚と、カラダの
特色が多い動物です。表情も豊か
ですが、嫌なことがあるとツバを
はいたりします。毛色は多種あり、
夏の毛刈りによる、冬との見た目
の違いには驚かされます。

040

那須どうぶつ王国

8頭を展示。「臆病ながら好奇心旺盛で、上手につきあえば仲よくなれます。夏の暑さ対策で毛刈りした姿も新鮮です」
（飼育員：長谷川 万優さん）

 柵の外からの撮影です。ローアングルは首の長さが際立ち、瞳を中心に撮るとかわいく、鼻先を中心にすると不思議な顔になります

DATA → P168

展示場 -- アルパカの丘

展示場は、広大な那須高原が背景。開放的な空間です

キナコ
- - - - - - - -
 性別 メス
 誕生 2010年4月
性格 ふれあい上手

胸から頭側は白く、口周辺や胴や足が茶色です。園外のイベントにもよく出張するベテランで、おとなしくてふれあい上手。記念撮影も得意です

毛刈りした姿が衝撃的
毛を伸ばし続けると夏の暑さに耐えきれず健康に支障をきたすため、夏前の毛刈りはアルパカにとって必須です。左が毛刈りをしたあとの写真。毛のあるなしで随分印象が変わります。

市川市動植物園

3頭を展示。「冬のモコモコと、夏の毛刈りしてすっきりしたアルパカ。ぜひ、比べてみてください。大きな目と長いまつげも魅力的」
（飼育係：宮腰 峻平さん）

 柵越しの撮影が基本ですが、アルパカが柵から顔を出したら、そのときがシャッターチャンスです。顔を中心に撮りましょう

DATA → P171

展示場 -- 家畜舎

もこふわ

マシュ
- - - - - - - -
 性別 メス
誕生 2020年7月18日
性格 甘えん坊

最初はほかの2頭にピッタリくっついて鳴いていましたが、今では、3頭の中で一番、物怖じせず人に寄って来るようになりました

CM にも
出てました

アルパカを世間に知らしめた、例の CM の 5 代目アルパカです（初代クラレちゃんの弟）。なかなかのイケメンで、すっくと立つ姿も存在感たっぷりです

那須アルパカ牧場

「放牧場などに 210 頭のアルパカがいます。柵の間から顔を出してエサをねだりますので、カプセル入りのエサ 200 円をあげてみてください」（飼育員：阿部さん）

📷 雄大な那須連山をバックにアルパカの群れを。ほかでは撮れない風景です。現地で、撮影ポイントを牧場ロゴマークで表示しています

DATA ➡ P167

展示場 -- 牧場エリア

ニコッ

こつぶ

性別	オス
誕生	2010 年 7 月 27 日
性格	臆病でシャイ

一度にこれだけのアルパカを見られるのは圧巻。晴れていると最高に気持ちいい空間です

ツアー参加でエサやり体験

柵越しにアルパカが寄ってきます。「マザーファームツアー DX」は定員制の当日受付先着順。ツアー参加は 🎫1600 円（入場料別）

マザー牧場

約 20 頭を飼育。「個性的なヘアスタイルが見どころです。かわいい顔でエサをおねだりするので、お気に入りの 1 頭を見つけてみてください」（飼育員：飯田 峻都さん）

📷 「マザーファームツアー DX」参加者限定でエサやり体験ができます。そのときが大接近できるチャンス。ツーショットが撮れるかも

DATA ➡ P172

展示場 -- マザーズファームツアー DX ／アグロドーム

アルパカの魅力は細くてふわふわの毛。ツアーで実際にふれあえます

親子は仲よし。"スフレ"はおとなしいのに意外と度胸もあります。水浴びが大好き過ぎて母親を押しのけるときも

長野市
茶臼山動物園

4頭を展示。「モコモコのおしりや親子の2ショットがたまりません。鳴き声も違うので、慣れると誰の声か聞き分けられますよ」
（飼育員：安田 知佳さん）

こども動物園が閉園する16:00頃、エリア内をアルパカに解放するときがあります。その様子をエリア外から撮影するのがおすすめ

DATA → P179

展示場 -- こども動物園

ミルフィー（母）／スフレ（子）

性別	メス
誕生	母：2011年9月／子：2021年1月17日
性格	母は賢く、子は好奇心旺盛

ダイヤ

性別	オス
誕生	2018年8月20日
性格	甘えん坊

"スフレ"のお兄ちゃんです。生まれたときは未熟児でしたが、飼育員による介添え哺育により無事大きくなりました

釧路市動物園

6頭を飼育・展示しています。「自由気ままなところがあります。何をしているのかじっくりと観察してみてください」（飼育員：東 卓也さん）

観覧通路から撮影。アルパカが近くにいればチャンスです。今なら子どもだけのショットもお母さんとの親子ショットも撮れます

DATA → P165

展示場 -- 総合獣舎

トパーズ（母）／アンバー（子）

性別	母：メス／子：オス
誕生	母：2009年5月11日／子：2021年5月27日
性格	好奇心旺盛

お母さんと子どもで毛色が違うのはアルパカにはよくあります。名前は宝石つながり。当園では、6年ぶり5頭目の赤ちゃんです

ホッキョクグマ

#シロクマ #肉食 #陸上最大 #白くない

なぜ白く見える？

ホッキョクグマの体毛は内部が空洞になっているため、光を透過して白く輝いて見えています。つまり、毛は白ではありません。これは、ほ乳類の中でも珍しい特殊な構造といえます。

動画で
CHECK

"陸上最大の肉食獣"で、北極圏ではアザラシやセイウチも捕食するというホッキョクグマ。一方、シロクマともよばれ、親しみやすいイメージもあります。地球温暖化や気候変動の影響で絶滅の危機をいわれて久しいですが、日本では20カ所余りの動物園や水族館で見ることができ、ペンギンやカワウソと同じく、動物園にも水族館にもいる動物のひとつです。

展示方法は、広い岩場と大きなプールがあって、ホッキョクグマたちはプールに飛び込んだり、陸上で休んだり、というスタイルがほとんど。眠っていたとしても、時間をおいて再度訪れてみましょう。今度は、水へダイブしたり泳ぎ回ったりなど、アクティブな行動が見られるかもしれません。

044

天王寺動物園の
ホッキョクグマ親子です

ホウちゃん

(性別) メス
(誕生) 2020 年 11 月 25 日
(性格) 元気ハツラツ

母親にも自己主張するようになってきました。母親が先に獣舎内に戻っても、1 頭だけで展示場のプールで遊んでいるときもあります

まるで
ベテランママ

泳ぎが得意！

ホッキョクグマは泳ぎがとても上手で、長時間海を移動することもあります。首が長く、小さな流線形をした頭は泳ぐことに適応した結果ともいわれています。

///////////////////////////////////

天王寺動物園

親子 2 頭を展示。「父親 "ゴーゴ" と母親 "イッちゃん" は豚まんで有名な蓬莱より寄贈いただきました。"ホウちゃん" の名前も蓬莱からとっています。おもちゃ、おやつなどをあげて活発に動いてもらってます」
（飼育専門員：油家 謙二さん）

📷 ホッキョクグマ舎前は親子ショットが見られるとあって人気です。迫力満点のジャンプからプールへ飛び込む姿などがおすすめ

イッちゃん

(性別) メス
(誕生) 2013 年 12 月 11 日
(性格) マイペース

"ホウちゃん" は初めての子なので、さぞ慎重に育てるかと思いきや、ベテランママのような子育てで子は自由奔放に育っています

展示場 -- ホッキョクグマ舎

ANIMAL DATA

【学名】*Ursus maritimus*
【分類】食肉目 クマ科 クマ属
【生息地】北極圏、北アメリカ・ユーラシア大陸北部
【好物】
アザラシ、魚類、鳥類など
【寿命】約 25 ～ 30 年
【サイズ】
体長約 1.8 ～ 2.5 m
体重約 150 ～ 650kg

おもちゃがあれば自分で遊びを考え出す賢い"アイラ"

くたぁぁ〜〜

アイラ

- (性別) メス
- (誕生) 2010年12月25日
- (性格) 大の遊び好き

ボールのおもちゃを自分で壁にぶつけて、跳ね返ってきたものに飛びつくなど遊び上手。頭が入るサイズなら何でもかぶります

おびひろ動物園

1頭展示です。「飽きないようプールにはさまざまなおもちゃを投入しています。ほかにも、骨付き肉をうつ伏せで寝そべってかじっている姿をお尻のほうから見ると…これがまたかわいいですよ」
（飼育展示係：片桐 奈月さん）

📷 プールで遊んでいる姿を撮影するには、檻の端から撮ると全体がわかっていいショットになります。ぜひ、動画で撮ってみてください

DATA → P164

展示場 -- ホッキョクグマ舎

ぷかぷか

ブイを頭にかぶって浮いてます。かわいい仕草も必見

よこはま動物園
ズーラシア

「3頭を飼育しています。岩のすき間や穴の開いた遊具に顔を突っ込みます。これは氷の穴の獲物を探す野生の狩りの習性からです」
（飼育展示係：伊藤 咲良さん）

ホッキョクグマ水中ビューから、水中を泳ぎ回る姿を狙ってみましょう。かなり動くので、連写か動画のほうがいいかもしれません

DATA → P174

展示場 -- 亜寒帯の森

写真提供：よこはま動物園ズーラシア

いろいろ好き

ツヨシ
性別　メス
誕生　2003年12月11日
性格　好奇心旺盛

生まれたときは雌雄判別データが少なく、オスと間違って"ツヨシ"に。天王寺動物園から来た"ゴーゴ"とペアリングしました

ホクト
性別　オス
誕生　2000年12月8日
性格　メスに対してジェントル

体重はメスの倍ほどありますが、メスへの対応はジェントル。"ピリカ"とも粘り強く接し続け、警戒心も解け仲よしです

旭川市
旭山動物園

2頭を展示（妊娠時は1頭）。「北海道の雪の中でも元気に転げ回ったり、プールを泳いだり、おもちゃで遊ぶ姿が見られます」
（飼育員：大西 敏文さん）

泳いでいるときはガラス面から水中の姿を撮影できます。泳いでいないときは2階のガラス窓から陸での姿を狙いましょう

DATA → P164

展示場 -- ほっきょくぐま館

ピリカ
性別　メス
誕生　2005年12月15日
性格　やや神経質

以前のオスとは子どもができませんでしたが、ジェントルな"ホクト"のおかげで2頭の距離は縮まりいい雰囲気。繁殖の期待も高まります

Column 1

進化し続ける
動物園の歴史

時代とともに変化してきた動物園。
設立の目的から、
その歴史を簡単に紐解いていきます。

旭川市旭山動物園の入場者数がピークだった年にできた
レッサーパンダの吊り橋

古代エジプトから中世ヨーロッパにかけて、王侯貴族が戦利品の動物を庭で飼育していたことが、動物園の始まりと言われていますが、これは個人コレクションのレベル。いわゆる、近代動物園としては、1752年につくられた、オーストリアの「シェーンブルン動物園」が最初とされています。しかし、これも現在の動物園「Zoo（ズー）」ではなく、「Menagerie（メナジェリー）」でした。「Menagerie」とは、動物を見せて楽しませるだけで、教育・研究等の役割を備えた「Zoo」とは一線を画します。

1828年にイギリスで開園した「ロンドン動物園」が、世界で初めての「Zoo」と言われています。その後、ヨーロッパ各国で次々と「Zoo」が誕生。そして、日本でも1882年に「上野動物園」が誕生しました。実は「Zoo」を「動物園」と呼んだのは、かの福澤諭吉で、著書『西洋事情』の中で、博物館のような教育・研究の概念を含んだ「動物園」を紹介しています。

それから20数年たった1907年、ドイツに開園した「ハーゲンベック動物園」の展示方法が、その後の動物園を大きく変えます。それは"無柵式展示"。つまり、柵をつくらず、間に堀を配して、動物たちを見るというスタイルです。これは日本でも取り入れられました。サル山などがその代表です。

日本でも動物園はどんどんつくられましたが、昭和から平成にかけて、人気は下降の一途をたどります。「いつ行っても動物が寝ている」「汚い」など、動物園離れは深刻でした。そんなとき、画期的な展示で話題をさらったのが北海道の「旭山動物園」です。2000年の空飛ぶ「ぺんぎん館」や、2004年の目の前を行き来する「あざらし館」など、動物の習性や動きをうまく引き出す行動展示と呼ばれる展示方法で園内を次々とリニューアル。2006年度には年間入場者数300万人を超え「上野動物園」に次ぐ第2位まで上りつめました。この展示スタイルは、全国の動物園で多く見られるようになり、それによって、以前より、動物たちが自然な姿を見せる、楽しい動物園が増えたのです。

（ PART 2 ）

#定番#安定の#スタメン

ライオンやトラ、ゾウにキリン…、
動物園といえば思い浮かぶいつものメンバーたちにも1頭1頭、
オリジナリティがあるのです！

ゴリラ

ウインク

ナックルウォークとドラミング

両手の拳を握って地面につけて歩くのをナックルウォークといいます。胸を叩くドラミングは、自分の力を誇示し、戦わずに自分が強いことをアピールするためといわれています。

動画で CHECK

気はやさしくて力持ち

ゴリラは平和主義です。大きなカラダですが穏やかでやさしい動物です。また、とても繊細で、ちょっとしたことで食欲がなくなったり、ストレスを感じてしまうようです。

名古屋市東山動植物園の "シャバーニ" 得意の流し目

動物園の多くで飼育されているイメージがあるかもしれませんが、日本でゴリラが見られるのは6つの動物園のみ。ゴリラにはニシゴリラとヒガシゴリラの2種類がありますが、日本にいるのはニシゴリラだけです（亜種名のニシローランドゴリラと表記する園もあり）。どの動物園のゴリラも、見ていて飽きない行動を見せてくれて、名古屋の "シャバーニ" などの名物ゴリラが多いのも特徴です。

寿命も長く、家族で暮らすスタイルが基本。ゴリラファミリーの構成を事前に知ったうえで、その暮らしを観察するのもひとつの楽しみです。シルバーバックとよばれるオスの、背中の腰あたりが銀白色の毛も見どころ。美しい肉体美に見とれてしまいます。

Zoom

写真はシャバーニとネネの子・キヨマサ（オス）。ファミリーはほかに、アイと、シャバーニとの子・アニー（メス）がいます

ニシゴリラ
ANIMAL DATA

【学名】
Gorilla gorilla

【分類】
霊長目 ヒト科 ゴリラ属

【生息地】中央アフリカなど

【好物】
植物の葉や茎、果物など

【寿命】約 50 年

【サイズ】
体長約 120 〜 180cm
体重約 80 〜 200kg

シャバーニ
- - - - - - - - - - - - -

性別 オス
誕生 1996 年 10 月 20 日
性格 とても繊細

オランダ生まれで2007年来園。当園で2児の父に。"イケメンゴリラ"として有名で、流し目のような周りを見渡す仕草が決めポーズ

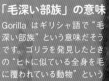

「毛深い部族」の意味

Gorilla はギリシャ語で"毛深い部族"という意味だそうです。ゴリラを発見したときの"ヒトに似ている全身を毛に覆われている動物"という印象からつけられたようです

///////////////////////////////////

名古屋市
東山動植物園

5頭のファミリーで暮らしています。「屋内外ともにタワーがありますので、野生に近いタテの動きをする姿を見てほしいです。5頭がそれぞれ、ちゃんとエサを食べられるように、野菜などを小さくカットしてバラバラに撒くなどの工夫をしています」（担当飼育員さん）

屋外ならタワーの上に登った姿がおすすめ。個体同士のかけあいもおもしろいです。特に子ども2頭は年が近いのでよく一緒にいます

DATA ➡ P178

展示場 -- 動物園北園
「ゴリラ・チンパンジー舎」

写真提供：名古屋市東山動植物園

オスは
背中で語る

"ゲンキ"に似て
鼻にたくさんのシ
ワが入っています

キンタロウ（弟）

- - - - - - - - - - - - - - - - -

|性別| オス
|誕生| 2018 年 12 月 19 日
|性格| 気が強くなかなか賢い

キラキラの目とかわいい行動で、
人もゴリラも魅了します。周りの
状況をよく見て状況判断し、要
領よく行動する賢さもあります

兄弟
ツーショット

ゲンタロウ（兄）

- - - - - - - - - - - - - - - - -

|性別| オス
|誕生| 2011 年 12 月 21 日
|性格| お兄ちゃんだけど
　　　甘えん坊

写真右が"ゲンタロウ"。なかなかのイタズ
ラ坊主で、木の枝を使ってホースをはずし
たり、やんちゃです

モモタロウ（父）

- - - - - - - - - - - - - - - - -

|性別| オス
|誕生| 2000 年 7 月 3 日
|性格| 慎重派

一家の柱。子どもたちと遊ぶ姿は
ヒトの親子が遊んでいる様子とよ
く似ています。いざというときは子
どもたちをしっかり守ります

//////////////////////////////

京都市動物園

「家族 4 頭で過ごすモモタロウ一
家。なるべく時間をかけてエサを
食べられるよう、いろいろな場所
に撒いたり隠したりします。とても
穏やかで、のんびりとしたゴリラた
ちの様子をご覧ください」
（飼育員：安井 早紀さん）

📷 ガラス面近くで来園者のほうを
向いて座っていたり、観察する
ように見ていることがあります。そん
な姿をカメラにおさめてください

ゲンキ（母）

- - - - - - - - - - - - - - - - -

|性別| メス
|誕生| 1986 年 6 月 24 日
|性格| 食べることが好き

愛情深い子育ての様子が印象的
なお母さんです。鼻にたくさんシ
ワがあるのが特徴で、これは"キ
ンタロウ"にも遺伝しています

展示場 - -
サルワールド「ゴリラのおうち」

🦍 🐾 🌿

千葉市動物公園

写真の2頭を展示。「とても繊細で思慮深いです。人の顔をよく覚え、担当者だった人は例え10年以上会わなくても覚えています」(飼育担当：伊藤 泰志さん)

 モンタのシルバーバックを狙うのがツウの撮り方。横から、もしくは振り向きざまに撮ると顔も一緒に写ってカッコよく撮れます

DATA → P170

展示場 -- モンキーゾーン

寝姿が特徴的。腕を枕に寝ていることもあれば、あおむけに腕を万歳姿勢で足を組んで爆睡していることもあります

モンタ

性別　オス
誕生　1984年9月25日
性格　イケメンキャラ

独特の挨拶があって「グッフーーン」と咳払いのような音を発すると、"モンタ"も同じように声を出して答えてくれます

ローラ

性別　メス
誕生　1977年9月21日
性格　人なつっこいけど頑固

日本モンキーセンター

「"タロウ"さんはひとり暮らしなので、挨拶するなどコミュニケーションをとっています。じっと人間観察していることもありますよ」
(飼育員：廣澤 麻里さん)

ガラスの反射がきついので黒い服を着ると反射をやわらげることができます。部屋に隠された野菜を探しているところなどが狙い目

DATA → P178

展示場 -- アフリカセンター

つぶらな瞳が魅力のタロウおじいさん。ペットボトルのキャップをあけてドリンクを飲むのはお手のものです

タロウ

性別　オス
誕生　1973年4月20日
性格　とっても穏やか

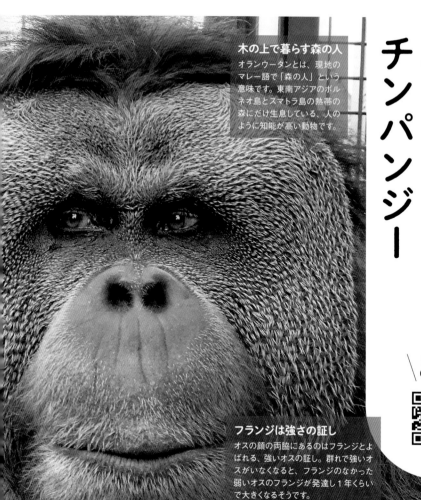

オランウータンとチンパンジー

#類人猿 #ヒトに近い #知能 #高め

木の上で暮らす森の人

オランウータンとは、現地のマレー語で「森の人」という意味です。東南アジアのボルネオ島とスマトラ島の熱帯の森にだけ生息している、人のように知能が高い動物です。

動画で
\CHECK/

フランジは強さの証し

オスの顔の両脇にあるのはフランジとよばれる、強いオスの証し。群れで強いオスがいなくなると、フランジのなかった弱いオスのフランジが発達し1年くらいで大きくなるそうです。

人間に近いといわれる大型類人猿はゴリラのほか、オランウータン、チンパンジー、ボノボがいます。ボノボは日本の動物園では飼育されておらず、オランウータンは全国で約20カ所、チンパンジーは40カ所以上で展示しています。

オランウータンは、その生息地からボルネオオランウータンとスマトラオランウータンなどがいます。日本ではボルネオオランウータンのほうが多いですが、市川市動植物園などではスマトラオランウータンも見ることができます。

オランウータンは群れでなく単独生活をする動物なので個体ごとの展示です。それに対して、チンパンジーは群れでの展示が多く、飼育動物園の数も各飼育頭数も多くなっています。

名古屋市東山動植物園のメスの
オランウータン

写真提供：
名古屋市
東山動植物園

チンパンジー
ANIMAL DATA

【学名】*Pan troglodytes*

【分類】霊長目 ヒト科
チンパンジー属

【生息地】
西・中央アフリカなど

【好物】果実、葉など

【寿命】約 25 〜 30 年

【サイズ】
体長約 75 〜 85cm
体重約 30 〜 60kg

どのくらい
ヒトに近い？

ヒトには近いといわれていま
すが、チンパンジーが進化
するとヒトになるわけではあ
りません。共通の祖先から
枝分かれして、それぞれが
進化しました。

オスとメスの
違いは？

フランジがないのがメス。オ
スはフランジがある場合とな
い場合があります。メスは体
重 40kg くらいですが、オス
は 80kg 前後と、約 2 倍の
大きさです。なお、メスの出
産は 3 〜 6 年に一度。

立派な
フランジ

市川市動植物園のオラン
ウータン "イーバン"

日立市かみね動物園のチンパンジー

オランウータン
ANIMAL DATA

【学名】*Pongo abelii*
（スマトラオランウータン）

Pongo pygmaeus
（ボルネオオランウータン）

【分類】霊長目 ヒト科
オランウータン属

【生息地】ボルネオ島、
スマトラ島

【好物】果実、葉など

【寿命】
飼育下で約 40 〜 50 年

【サイズ】
体長約 75 〜 100cm
体重約 40 〜 90kg

神戸市立 王子動物園

「行動がゆっくりしているため、オランウータンのひとつひとつの行動に十分時間がとれるようタイムスケジュールを組んで、いつも同じ時間に動けるようにしています」（飼育員：松井 美絵さん）

📷 午前中が活動的で、ロープで遊んでいる姿を見られるかもしれません。見学者とやりとりするのが好きで、近くに来たときがチャンス

DATA ➡ P184
展示場 -- 類人猿エリア

ペットボトルで飲んでます

道具も見事に使いこなします

ボルネオオランウータン
ムム

性別 オス
誕生 2009年4月2日
性格 シャイで思いやりあり

一人遊びが上手で、見られていることに気づくと、手を止めて恥ずかしそうに背中を向け知らんぷりします。飼育員が絆創膏をしていると心配してくれます

市川市動植物園

「展示は4頭です。長い腕と柔軟な関節を使って、自由自在に動き回ります。メスの"リリー"が夕方になっても部屋に帰って来ないときは、呼び戻すのに苦労します」（飼育係：大熊 由紀さん）

📷 見事なフランジを持っているので、顔のアップを撮るとおもしろいです。また、動画で動きを追ってみるのもおすすめです

DATA ➡ P171
展示場 -- ミニ鉄広場

実は破壊王!?

スマトラオランウータン
イーバン

性別 オス
来園 1992年6月1日
性格 壊し好きだがやさしい

手に入れたものを壊しているときは生き生きしています。その反面、食事のときに渡したスプーンを飼育係が「返して」とお願いするとちゃんと返してくれます

名前はインドネシアの言葉で「強い男」の意味

056

名古屋市
東山動植物園

「親子三世代が同じ群れで生活しています。これにメスや子どもを加えて群れは総勢8頭。個体同士の関係などに注目して観察するとおもしろいです」
（チンパンジー担当飼育員）

 運動場でタワーに登っている状態を撮影するのがおすすめ。とにかく動き回る双子の姉妹"カラン""コエ"を中心に撮りましょう

DATA ➡ P178

展示場 -- 動物園北園
「ゴリラ・チンパンジー舎」

写真提供：名古屋市東山動植物園

チンパンジー
カラン（左）／コエ（右）

性別	メス
誕生	2017年10月21日
性格	カランは活発、コエは甘えん坊

妹が生まれて双子姉妹も姉になりました。まだ子どもの体格ですが、母親を真似て面倒をみようとします。小さなカラダで幼い妹を抱っこしたり、あやしたりする姿は必見です

くっつき

"カラン""コエ""よつば"の3頭を一度におんぶ

日立市
かみね動物園

「群れでの生活のため、抱き合って挨拶したり、毛づくろいをしたり、ケンカしてもすぐに仲直りしたりする姿が見られます」
（飼育員：大栗 靖代さん）

 隣接する、おべんとう広場から撮るのがおすすめ。タワーの中でくつろぐ姿や、木々の間から歩いてくるチンパンジーたちを狙いましょう

DATA ➡ P167

展示場 -- チンパンジーの森

すぐに仲直り

チンパンジー
ヨウ（左）

性別	メス
来園	2008年7月16日
性格	社交的。コミュ力高

推定50歳のおばあちゃんチンパンジーです。小柄でかわいらしく、コミュニケーションも上手でオスたちからは今でも一番人気です

う～～ん
いい湯だ

ニホンザル

#日本 #固有種 #飽きない #サル山

動画で
CHECK

サルの顔はなぜ赤い？

ニホンザルの顔とお尻が赤いのは、皮膚の下を通っている毛細血管の色が透けて見えているためです。秋から春の繁殖期には性ホルモンの分泌が活発になり、さらに赤くなります。

動物園展示の革命だった「無柵式展示」（P48）の象徴ともいえるサル山において、群れで暮らしているスタイルが多いニホンザル。

サル山で、しばらく観察していると、ニホンザル同士の上下関係や友好関係などが見えてきて、なかなか楽しいものです。施設によっては関係性などを図表で解説しているところもあります。

日本の動物園などでニホンザルを展示しているのは70カ所以上。動物園での展示はサル山スタイルが多いですが、野生動物の生息環境に人間が訪れ、野生のニホンザルを観察できる施設もあります。その代表格の地獄谷野猿公苑では、冬の寒さをしのぐため、温泉に浸かるサルの姿が見られるとあって、近年注目を集めています。

地獄谷野猿公苑のニホンザル
の気持ちよさそうな表情は人
間さながら

毎年、子どものサルも見
ることができます

珍しい「北限のサル」

地球上で一番北に分布して
いるため「北限のサル」と
いわれます。ほとんどのサ
ルは暖かい地域出身なの
に、雪が降る日本の冬も生
きるニホンザルは、世界的
にも珍しいサルです。

トアミ 00

- - - - - - - - - - - - - - -

(性別) オス
(誕生) 2000 年
(性格) のんびり屋

トアミという母親から生
まれ、誕生が 2000 年で
あることが名前の由来。省エ
ネ志向なのか、いつものんびり
しています。カラダが大きめです

////////////////////////////

地獄谷野猿公苑

「約 160 頭のサルたちの生態を観
察できます。檻や柵はありません
がサルたちは人に無関心。ニホン
ザルの尻尾は短い、そもそもバナ
ナを知らないなど、ニホンザルと
はどんな動物なのか知るほど興味
深いですよ」(管理課:滝沢 厚さん)

🔘 サルは公苑のいたるところにい
ます。苑内のルールを守って、
目の前のサルたちをじっくり観察して、
撮影してみてください

DATA ➡ P180

展示場 -- 公苑内

Zoom

露天風呂に入るニホンザ
ルの様子は SNS で話題
になりました。この写真
のような風景を冬に見る
こともあります

ANIMAL DATA

【学名】*Macaca fuscata*
【分類】霊長目 オナガザル科
マカク属
【生息地】日本の青森以南
【好物】
果実、キノコ、昆虫など
【寿命】約 20 ~ 25 年
【サイズ】
体長約 45 ~ 60cm
体重約 6 ~ 18kg

あっ！
思い出した

おでん

性別　メス
誕生　2003 年 6 月 9 日
性格　控えめで協調性あり

まわりの空気を読むタイプ。母親の
"花子"に似た金色の毛並みですが、
毛づくろいをされすぎたせいか額の
あたりの毛がうすめです

静岡市立
日本平動物園

「3 頭を飼育・展示しています。木
登りが得意ですが、地上で過ごす
時間が長く、ほお袋をもつのも珍
しい特徴です。"おでん"は一番立
場が低く、控えめですが、秋から
春の繁殖期には大騒ぎします」
（飼育主任技師：横山 卓志さん）

📷 檻が写り込みやすい環境です
が、曇りの日や、陰になってい
る部分を望遠レンズで狙うと写り込み
を軽減できます

DATA ➡ P175

展示場 -- 中型サル舎

右が"おでん"です。ほかのサ
ルにくっついている姿をよく見か
けます

花子

性別　メス
来園　1994 年 8 月 30 日
性格　普段は強気、
　　　秋〜春は甘えん坊

食事中に観覧通路に見学者が
来ると窓をドンとたたく「窓ド
ン」をします。繁殖期の秋〜春
は急に甘えん坊になるギャップ
にも注目

特技は
「窓ドン」

////////////////////////////

那須ワールド
モンキーパーク

「アニマルシアターで行われる
ショーに出演中です。ニホンザル
特有の抜群の運動神経を発揮し、
見事な技を見せてくれます」
（ニホンザル担当飼育員）

 アニマルシアターのステージで
パフォーマンスしているときが
一番の狙い目。終了後などに挨拶な
どで出てくる場合もあります

DATA → P169

展示場 -- アニマルシアター

きっぺい
結平

性別 オス
誕生 2017 年 5 月 26 日
性格 やんちゃな食いしん坊

ごはんを詰め込みすぎて、みんなに
笑われたこともあります。舞台の上
では、その一生懸命さから、観客
の涙を誘うことも。得意技は鉄棒

////////////////////////////

東北サファリ
パーク

「Wonder Zoo のなかでモンキー
パフォーマンスを実施しています。
コミカルで楽しいニホンザルの様
子を堪能できます」
（アニマルトレーナー：古谷さん）

 モンキーパフォーマンスの様子
を客席から。臨場感のあるシー
ンを撮るなら最前列がおすすめ。全
体の様子を撮るなら動画がベター

DATA → P166

展示場 -- アトラクション会場

まだ
トレーニング中

はる
春

性別 メス
誕生 2015 年 5 月 23 日
性格 素っ気ないけど
　　　 甘えん坊

くっつくのが大好きな小
柄なサルです。今は覚え
たてのジャンプなどを特
訓中。パフォーマンスへ
のお目見えが楽しみです
（2022 年くらい）

冬は
サル団子

冬は集まっておたがいに暖め
あう「サル団子」が見られます。
いまや冬の風物詩です

旭川市
旭山動物園

70頭以上を展示。「さる山では上
下関係がはっきりしているので、サ
ルたちの行動を通して、その順位
を観察してみてください。オスとメ
スそれぞれに順位があります。当
園は共生展示でニホンイノシシも
同居。その関係性にも注目です」
（飼育スタッフ：畠山 淳さん）

📷 山にいるサルは地上から、テラ
スや下にいるサルは館内通路
の窓から。冬のサル山で1頭の後ろ
姿を狙うと哀愁があっておすすめ

ほおをふくらませてい
るニホンザル。この、
ほお袋があるのもニホン
ザルの特徴です

DATA ➡ P164

展示場 -- さる山

Zoom

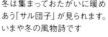

さる山の背景には動物
園外周、旭川の景色が
広がります。冬の雪景
色、春の花景色など、
季節ごとにさる山の見
え方が変わります

ニラ（母）

性別　メス
誕生　2004年6月15日
性格　まじめで慎重

ニンジン（子）

性別　メス
誕生　2021年5月7日
性格　元気いっぱい

2021年
5月生まれ

千葉市動物公園

「当園ではホンドザルとよび27頭を飼育展示しています。2021年生まれの子どもが3頭いるので、その成長が楽しみです」
（飼育第一班班長：伴野 修一さん）

📷 山の上でリラックスしている姿やおたがいに毛づくろいしている姿などを、真正面の位置から広範囲を見渡して狙ってみましょう

DATA ➡ P170

展示場 -- モンキーゾーン

"ノザワナ"の2日後に生まれたのが"ニンジン"です。母親の"ニラ"は初めての出産だったため、やや緊張気味です

2021年
5月生まれ

ノボタン（母）／ノザワナ（子）

性別　メス
誕生　2012年6月21日／2021年5月5日
性格　のんびり屋さん／かなりやんちゃ

母親の"ノボタン"が放任主義のため"ノザワナ"はひとりで行動できるようになると、ほかのサルを気にせずに走りまわっています

市川市動植物園

「ニホンザルならではの立体的で俊敏な動きと、のんびり休んでいるときのちょっとだらけた感じのギャップが魅力。50数頭います」
（飼育員：菊岡 厚史さん）

📷 サル山を囲んでいる柵が高いので柵の間から撮るのがベスト。エサを食べているところやサル山のてっぺんで休んでいるところなどを

DATA ➡ P171

展示場 -- サル山

3頭を生み
子育てした
ベテランママ

オトメ

性別　メス
誕生　2008年6月20日
性格　人なつっこい

人工哺育で育ち群れに戻ったとき、ある有名な熊のキャラクターのぬいぐるみを四六時中抱いていた姿がかわいく写真集も発売されました

写真提供：よこはま動物園ズーラシア
よこはま動物園ズーラシアの"フグ"

ネコ科の動物で唯一なこと
「プライド」とよばれる群れを形成するのは、ネコ科の動物でライオンだけです。また、タテガミがあればオス、なければメスと、見た目で簡単に性別の判断ができるのもネコ科の動物ではライオンのみ。

不適な笑み!?

ライオンとトラ

百獣の王 # 猛虎 # 永遠のライバル!?

動画で
CHECK

富士サファリパークの
ライオン

ライオンの休憩は 20 時間 !?
お腹がすいていないときは1日のうち20時間くらいを寝て過ごすといわれています。ライオンにまつわる言葉や話は印象的で、「ライオンハート」とは勇敢な心のこと、「ライオンのおやつ」という素敵な小説もあります。

ライオン
ANIMAL DATA

【学名】*Panthera leo*
【分類】食肉目 ネコ科 ヒョウ属
【生息地】アフリカ（インドライオンはインド）
【好物】中型・大型ほ乳類、は虫類など
【寿命】オス約 8 ～ 10 年、メス約 10 ～ 15 年
【サイズ】体長 オス約 1.7 ～ 2.5 m、メス約 1.4 ～ 1.7 m／体重 オス約 150 ～ 220kg、メス約 120 ～ 180kg

カッコいい動物の代表といえばライオンとトラ。どの動物園やサファリパークで見ても、堂々としていて悠然と歩く姿が絵になります。そのため、無防備な格好で眠っていたり、何かポーズをしていたり、子猫のようにじゃれ合う姿を見ると余計かわいく思えます。

日本の動物園やサファリパークでライオンを見学できるのは約50カ所。そのうち、インドライオンは2カ所だけで、ほかは、いわゆるアフリカ出身のライオンです。

トラも、アムールトラやスマトラトラなど全部で40カ所以上の施設で飼育・展示をしています。ライオンは群れで暮らし、トラは単独で暮らすというのがスタンダード。特に、サファリパークの野生に近い環境で暮らす姿は必見です。

秋吉台自然動物園サファリランドのトラ

日本の動物園の
トラの種類は？

トラは、その出身地などにより、ベンガルトラ、アムールトラ、スマトラトラなどに分類されます。日本の動物園では、単独種に加え、ベンガルトラ系の雑種のトラが多く「トラ」と表記します。

トラ
ANIMAL DATA

【学名】*Panthera tigris*

【分類】
食肉目 ネコ科 ヒョウ属

【生息地】
東南アジア、中国など

【好物】
ほ乳類、鳥類、魚類など

【寿命】
野生で約8〜10年、
飼育下で約15〜22年

【サイズ】
体長 オス約2.7〜3.7ｍ、
メス約2.4〜2.7ｍ
体重 オス約180〜300kg、
メス約100〜160kg

縦縞模様には理由がある

トラは茂みに隠れて獲物を狙いますが、トラが狙っているシカなどの草食動物には色を識別する感覚がないため、色ではなく草木にまぎれるための縦縞模様のほうが重要でした。

写真提供：よこはま動物園ズーラシア

よこはま動物園ズーラシア

「全3頭を飼育しています。オス・メスの2頭で展示しているときがあるので、2頭の体格差を比べてみてください。1頭が鳴き出すと、もう1頭も鳴き出します」
（飼育展示係：鈴木 由紀子さん）

📷 寝ていることが多いですが、開園直後約5分と、閉園前15:00以降に活発に動くことが多いので、撮影のチャンスです

DATA ➡ P174

展示場 -- アフリカのサバンナ

ライオン

ニノ（左）／フク（右）

- 性別 メス／オス
- 誕生 2012年8月18日／2007年2月13日
- 性格 せっかち／やさしい

"フク"は"ニノ"のことが大好き過ぎてアピールが過激。ときどき怒られて激しくネコパンチされています。でもまたすぐに寄り添います

富士サファリパーク

「サファリゾーンで過ごす開放的な姿を見られます。ライオンはネコ科では珍しく群れをつくって生活する動物ですが、若いオスは群れに属さず、単独で生活しています」（広報担当：今井 啓介さん）

📷 マイカーなら入園料金で何度もサファリを回れるので、1回目に観察、2回目に撮影、ダメなら3回目のトライも可能です

DATA ➡ P177

展示場 --
サファリゾーン「ライオンゾーン」

ライオン
オスのタテガミは生後1歳頃から5歳頃まで伸び続けます。その後、黒っぽい濃い茶色へと変わるので長さや色でだいたいの年齢がわかります

呼んだ？

ネコのポーズ

こんなかわいいポーズで寝ている姿を見られたらラッキーです

2021年
5月生まれ

トラ
五樹
いつき

性別　メス
誕生　2021年5月14日
性格　甘えん坊

秋吉台自然動物園
サファリランド

「子ども2頭を含み全部で6頭います。子どもはレンジャーの車はわかるので、近くにいるときは寄って来たりすることがあります」
（飼育員：伊藤さん）

 車で回るサファリエリアでの撮影のため、車内から窓を閉めた状態での撮影になります

DATA ➡ P187

展示場 --
サファリエリア「ドゥルガーレイク」

すくすくと大きく成長し、サファリゾーンで公開されました。元気に走り回っている姿やのんびりしている様子が見られます

トラ
六花
りっか

性別　メス
誕生　2020年12月11日
性格　ちょっと怖がり

かくれんぼが好きで、よく隠れています。そのため見られないことも…。隠れていたところから飛びかかるのを楽しんでいるようです

釧路市動物園

「全部で4頭います。“ココア”は、冬に雪が積もっても平然と眠り、自分で丸太や階段に寄りかかって脚の負担を軽くしています」
（飼育員：高橋 孝一さん）

正面左側に小窓があり、そこからのぞくと、近づいて来ることがあります。そのタイミングでの撮影がおすすめです

DATA ➡ P165

展示場 -- 猛獣舎

アムールトラ
ココア

性別　メス
誕生　2008年5月24日
性格　人なつっこい

生まれつき四肢に障害があり、赤ちゃんの頃は命も危ぶまれましたが、今は元気に歩き回る姿が、人々に勇気や感動を与えています

ネコ科の動物たち

#ヒョウ系 #カッコいい #見分け方は？

チーター ANIMAL DATA
【学名】*Acinonyx jubatus* 【分類】食肉目 ネコ科 チーター属 【生息地】アフリカなど 【好物】幼獣、鳥類など 【寿命】約10〜15年 【サイズ】体長 約110〜150cm／体重約35〜65kg

千葉市動物公園のチーター

ユキヒョウ ANIMAL DATA
【学名】*Panthera uncia* 【分類】食肉目 ネコ科 ヒョウ属 【生息地】アジア、ロシアなど 【好物】大型有蹄類、小型ほ乳類など 【寿命】約10〜15年 【サイズ】体長約90〜125cm／体重約20〜55kg以上

イケメン

動画で
CHECK

神戸市立王子動物園のユキヒョウ

動物園で見ることができる、ライオンとトラ以外のネコ科の動物たちを一気に紹介しましょう。まずは、その違いや見分け方。チーターは顔にあるタテの線がポイント。白いユキヒョウと、黒いビントロング（ジャコウネコ科ですが）と、サーバルは見た目の違いで区別できます。判別が難しいのはジャガーとヒョウ。カラダの模様が微妙に異なりますが、ジャガーは花模様、ヒョウは黒いふちどり、といった違いです。その差はわかりにくいかもしれません。神戸市立王子動物園に、ジャガー、アムールヒョウ、ユキヒョウの3種がいるので、ぜひ見比べてください。さらに、チーターの六つ子やサーバルの双子など、2021年に子どもが生まれた動物園にも注目です。

アムールヒョウ ANIMAL DATA
【学名】*Panthera pardus orientalis*
【分類】食肉目 ネコ科 ヒョウ属
【生息地】ロシア沿海地方など
【好物】シカ、ウサギなど【寿命】約
15年【サイズ】体長約100〜150cm
／体重約40〜70kg

神戸市立王子動物園のアムールヒョウ

ジャガー ANIMAL DATA
【学名】*Panthera onca*【分類】食肉
目ネコ科 ヒョウ属 【生息地】北・南
アメリカ大陸【好物】小型ほ乳類、
は虫類など【寿命】約12〜20年
【サイズ】体長約110〜180cm／体
重約50〜100kg以上

神戸市立王子動物園のジャガー

ビントロング ANIMAL DATA
【学名】*Arctictis binturong*【分類】食肉目
ジャコウネコ科 ビントロング属 【生息地】東
南アジアなど 【好物】果実、昆虫、鳥類な
ど【寿命】約15〜20年 【サイズ】体長
約60〜100cm／体重約10〜15kg以上

まだ
小さいの

サーバル ANIMAL DATA
【 学 名 】*Leptailurus serval*
【分類】食肉目 ネコ科 サーバ
ル属 【生息地】サハラ砂漠以
南のアフリカ大陸など【好物】
小型ほ乳類、鳥類など【寿命】
約10〜20年 【サイズ】体長
約60〜90cm／体重約6〜
18kg以上

那須どうぶつ王国のビントロング

神戸どうぶつ王国のサーバルの子ども

どこで見分ける？	体長	模様など	耳
チーター	約110〜150cm	黒い斑点、顔にタテの線	小型で平ら
ジャガー	約110〜180cm	花模様のような斑点	小型で三角形
ヒョウ	約100〜150cm	黒いふちどりのような斑点	小型でやや丸みあり
ユキヒョウ	約90〜125cm	白っぽい、斑点は不明瞭	小型でやや丸みあり
サーバル	約60〜90cm	黒い斑点、首周辺は流れる感じ	大型で丸みあり
ビントロング	約60〜100cm	カラダが黒い	小型で丸い

2021 年 6 月に
6 頭誕生

千葉市動物公園

「チーターはカッコよさだけでなく愛らしさも兼ね備えています。親子7頭で一緒に過ごすのも、子どもが2歳くらいまでと、期間が限られていますのでお早めに」
（飼育主任技師：中村 彰宏さん）

📷 展示場右端は一部金網ではなくガラス展示になっている場所があります。そこから撮ると、よりクリアでキレイな写真が撮れます

DATA ➡ P170

展示場 -- 平原ゾーン

チーター
ズラヤの子

性別	オス2頭／メス4頭
誕生	2021年6月8日
性格	甘えん坊などさまざま

"ズラヤ"が初めて生んだのが六つ子の赤ちゃん。初出産にも関わらず献身的に子育てをする姿には感動します

チーター
ズラヤ

性別	メス
誕生	2016年5月27日
性格	気高い女王様タイプ

敏捷性に優れており、機嫌がいいときは弾むように小走りで走ります。容姿も表情も性格も女王様タイプですがお母さんです

神戸市立
王子動物園

「オス・メスの2頭がいます。ユキヒョウは山岳地帯で獲物を追うとき急斜面を走るため、重心コントロールのために尻尾が太く長いです。注目してみてください」
（飼育員：関 和也さん）

📷 2頭が仲よく寄り添っているところが狙い目。ほかに、岩穴から顔を出しているときもかわいいです。展示場正面から撮りましょう

DATA ➡ P184

展示場 -- 象・猛獣エリア

ユキヒョウ
フブキ(奥)／ユッコ(手前)

性別	オス／メス
誕生	2017年5月24日／2009年5月2日
性格	神経質／穏やか

"フブキ"は精悍な顔つき、"ユッコ"は丸い大きな目が特徴。"フブキ"が展示場から戻ってこないとお姉さんの"ユッコ"が迎えに来ます

070

2021年5月に双子誕生

神戸どうぶつ王国

「ほかのネコ科とは少し違う、大きな耳と長い四肢が特徴です。サーバルとの距離間に気をつけながら飼育しています」
（飼育スタッフ：曽我 安佑美さん）

おやつを食べている姿がおすすめ。また、双子の子どもたちがじゃれ合ってる姿も、期間限定なのでぜひ撮影してみてください

DATA ➡ P184

展示場 -- アフリカの湿地

じゃれ合う2頭。見分け方は鼻の横の模様。オスは濃いめでメスが少し薄めです

サーバル
はるの双子の子

性別 オス／メス
誕生 2021年5月9日
性格 オスは慎重派、メスはやんちゃ

オスは慎重ですが好奇心は旺盛、メスはやんちゃながら少し警戒心が強めです。たまに母親にちょっかいを出しますが怒られます

那須どうぶつ王国

夫婦2頭を展示。「展示場に漂うポップコーンのようなにおいはビントロング独特の香り。いろいろなところを登る姿にも注目です」
（飼育員：千葉 友里さん）

展示場で活発に動き回っているときがシャッターチャンスです。特に、尾を上手に使うので、そんな姿もカメラにおさめてください

DATA ➡ P168

展示場 -- アジアの森

ビントロング
ダム

性別 オス
誕生 2006年1月1日
性格 のんびり屋さん

同居している"シャロン"と夫婦です。2頭はとても仲よしで、いつも一緒にいます。夫婦揃って、リンゴが大好物です

リンゴが好物です

わたしも♪

ビントロング
シャロン

性別 メス
誕生 2013年10月19日
性格 食いしん坊で活発

尾を使ってぶら下がるのが得意。エサをあげると、見学者に尾の器用さと運動神経のよさを披露してくれます

那須どうぶつ王国のカンガルー親子。
少し前のカットです

ワラビーもカンガルー

カンガルー科にはカンガルー属やキノボリ
カンガリー属など、多くの属がありますが、
ワラビーもカンガルー科のひとつで、ベネッ
トワラビーやパルマワラビーはカンガルー
属に属しています。

カンガルー

跳ねる # 運動する # 寝る # 表情豊か

動画で
CHECK

ボクシングは本能 !?

動物園でも見かけることがある、
カンガルーのボクシングのような
動き。この行動がよく見られる
のは繁殖期で、オス同士が戦う
手段としてボクシングをしていま
す。

ANIMAL DATA

【学名】種類によって異なる
【分類】双前歯目 カンガルー亜科
カンガルー属
※セスジキノボリカンガルーはキノ
ボリカンガルー属
【生息地】オーストラリア大陸など
【好物】草の葉など
【寿命】野生で約 10 年、
飼育下で約 20 年
【サイズ】
体長約 25 ～ 160cm
体重体重約 0.5 ～ 85kg
（種類で異なる）

カンガルーは多くの施設で見ることができる動物で、日本では約50ヵ所で飼育・展示しています。

最近は放し飼いというスタイルが多く、カンガルーが暮らすエリアに人間が入れる場合もあり、エサを与えることができる施設もあります。それほど、カンガルーは人なつっこく、穏やかな動物といえるでしょう（ボクシングをしたりもしますが…）。本書で紹介するのは、人間のような（？）寝姿が印象的なハイイロカンガルー（オオカンガルー）やアカカンガルー、よこはま動物園ズーラシアにしかいないセスジキノボリカンガルー。そして、ちょっと小さめで立ち姿がかわいいベネットワラビーとパルマワラビー。どのカンガルーも正面顔に癒されます。

ハイイロカンガルー
ラージ
- - - - - - - -
(性別) メス
(誕生) 2016 年 9 月 26 日
(性格) のんびり屋さん

お腹を出して寝ていることもしばしば。ラージサイズ、つまり大きく育ちますように、という願いを込めて命名されました

//////////////////////////////////

那須どうぶつ王国

「9 頭のカンガルーを放し飼いにしており、展示場に入ることができます。みんな寝相が個性的で、お腹を出していたり、頭をかかえたりさまざま。寝転がったまま草を食べることもあります」
（飼育員：長谷川 万優さん）

 展示場で接写できます。カンガルーの目線に近い高さで、鼻先を中心に撮ると不思議な表情が撮れます。寝ているところも◎

DATA ➡ P168

展示場 --
王国ファーム「カンガルーファーム」

2021 年
3 月生まれ

ハイイロカンガルー
モモ
- - - - - - - -
(性別) メス
(誕生) 2021 年 3 月 29 日
(性格) なんでも興味津々

まだ小さく、臆病な一面もありますが、いろいろなことに興味をもって、元気に動き回っています

よこはま動物園
ズーラシア

「セスジキノボリカンガルーがいる
のはズーラシアだけです。木を登
るために前脚のツメや尾などが発
達しています。アカカンガルーはカ
ンガルーで一番大きい種類。夕方、
オスたちがよく戦っています」
（飼育展示係：坂上さん／濱田さん）

📷 セスジキノボリカンガルーは木
の葉を食べる際に少し顔が上
がる瞬間が狙い目。アカカンガルー
は 15:30 頃、戦う姿が見られるかも

DATA ➡ P174

展示場 -- オセアニアの草原

写真提供：よこはま動物園ズーラシア

セスジキノボリカンガルー
タニ

性別	メス
誕生	2006 年 12 月 17 日
性格	何ごとにも慎重

慎重ですが、展示場に新しい
モノが入ったときは近づいて慣
れようとします。木登りは得意
ですが下りるのは苦手です。後
ろ姿に哀愁があります

アカカンガルー
ココナッツ

性別	メス
誕生	2020 年 1 月 1 日
性格	かなり臆病

おやつが大好きで震えながらも
そっと近寄ってきます。生まれた
順についている番号が157。なの
で、ココ（5）、ナッツ（7）

姫路
セントラルパーク

「ベネットワラビーはとても臆病で
す。ビックリするとパニックになっ
てしまうので、大きな音を立てない
ように気をつけています」
（飼育員：新子 明日香さん）

📷 岩で囲まれた少し開けていると
ころが撮影に最適。動きが活
発になる夕方がおすすめです。まつ毛
が長いので下から狙いましょう

DATA ➡ P185

展示場 -- ウォーキングサファリ
「カンガルー広場」

ベネットワラビー
エリオット

性別	オス
誕生	2016 年 2 月 29 日
性格	好奇心旺盛

閉園後、飼育員が展
示場を掃除している
と、熊手型の竹ぼう
きが気になったようで
手に取って掃除を始
めました…お手伝い
ありがとうございます

福山市立動物園

「ワライカワセミと混合飼育のため、自然木や擬岩、消防ホースを上部に設置し立体的に空間を利用しています。水飲み場などもシェア。エサの樹葉を器用にちぎって食べます」（学芸員：杜師 弘太さん）

 金網メッシュで囲まれた飼育ケージなので、柵を抜いて撮影ができるとベターです。エサを食べたり昼寝をしているところがおすすめ

DATA → P186

展示場 -- 小動物ゾーン
「オーストラリアエリア」

パルマワラビー
タンポポ
- - - - - - - - - - - -
[性別] オス
[誕生] 2016 年 2 月 1 日
[性格] 筋肉質だが穏やか

2018 年、当園に来てから上腕筋肉がムキムキになりましたが、性格は穏やかです。エサはほかの個体に奪われがちです

子どもとケンカをしていることもありますがワラビー一家をささえています

神戸どうぶつ王国

「だるそうにしている姿がおすすめの動物です。ただ、開園直後や夕方になると動いている様子も見られると思います」
（飼育スタッフ：木下 野乃花さん）

 寝ているときは目線を合わせて下から、おやつを食べているときは上から。おやつ（別料金 100 円）を与える際に接写できます

DATA → P184

展示場 -- カンガルーファーム

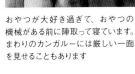

ココで寝ちゃお

おやつが大好き過ぎて、おやつの機械がある前に陣取って寝ています。まわりのカンガルーには厳しい一面を見せることもあります

アカカンガルー
あかね
- - - - - - - - - - - -
[性別] メス
[誕生] 2013 年 8 月 11 日
[性格] 人にはやさしく、
　　　 カンガルーには厳しい

ものすごい格好で熟睡しているアカカンガルーを発見

ポム

性別 オス
来園 2015年10月2日
性格 食いしん坊

足先の感覚がとても優れており、落ちている食べ物を探す姿がキュート。プールで泳いでいる魚やザリガニを捕まえるのが得意です

タヌキとの違いは尾

タヌキと似ていますが、見分けるポイントは尾にある黒い横縞です。ほかにも、アライグマは、前肢が器用なので、木に登ったり、物を持ったりもできますがタヌキにはできません。

アライグマは手を洗う?

アライグマという名前のように、水で手を洗うような行動が見られます。これは、水辺で獲物を獲るという行動を飼育下では行わないため、動物園において見られるのではないか、といわれています。

アライグマ
ANIMAL DATA

【学名】*Procyon lotor*
【分類】食肉目 アライグマ科
アライグマ属
【生息地】アメリカ大陸など
【好物】
両生類、鳥類、昆虫など
【寿命】
野生下で約3〜5年、
飼育下で約10〜20年
【サイズ】
体長約40〜60cm
体重約2〜20kg

クマといっても種類はいろいろ。マレーグマ、アメリカグマ、ヒグマ、ツキノワグマ、メガネグマなど、日本の多くの動物園でさまざまなクマを見ることができます。これらのクマはいずれもクマ科ですが、別の分類のアライグマ科に属するアライグマも、動物園では定番の動物です。アライグマの尻尾はふさふさで長めですが、クマ科の動物の尻尾は短く丸っこいなど見た目にかなり違いがあります。

アニメなどでも有名なアライグマは、視力が悪い一方で足先の感覚が優れていて器用で、動物園の人気者になっている施設も多数。マレーグマも小さめのクマで人気です。アメリカヒグマとエゾヒグマは、誰もが想像するクマのイメージに近いでしょう。

竹筒を破壊して中のエサを食べています

マーヤ

- - - - - - - -

(性別) メス
(誕生) 2005年5月17日
(性格) 好奇心旺盛でおてんば

竹筒で作ったフィーダー（エサ入り）は破壊、柵に付けた消防ホースフィーダーも引っ張って原型がなくなるほどの破壊力です

/////////////////////////////////

周南市徳山動物園

「アライグマは夏場、豪快に仰向けで寝る姿が必見。マレーグマは表情豊かで、柵に登って日向ぼっこするなどアクロバティックです」
（副主任：久保 統生さん）

"ボム"の寝相は正面から望遠レンズで撮るのがベター。"マーヤ"も座って食事をすることが多いので正面から狙いましょう

DATA → P188

展示場 -- 南園

野菜が好き

大型犬と同じくらい

身長は1～1.5mくらいで、ヒグマなどに比べると小型。2本足で立つことも多いです。"マーヤ"と同じ周南市徳山動物園にいた"ツヨシ"は、2本足で立って悩むようなポーズで人気でした。

マレーグマ ANIMAL DATA

【学名】
Helarctos malayanus

【分類】
食肉目 クマ科 マレーグマ属

【生息地】アジア南部など

【好物】
昆虫、果実など

【寿命】
飼育下で約20～25年

【サイズ】
体長約100～140cm

体重約25～65kg

一番イケメン

須坂市動物園

3頭を展示。「ハンモックをつけてあげたら喜んで使ってくれています。エサをすぐに食べてしまうので、わざと隠したりします」
（飼育技術員：笹島 優里華さん）

 開園後すぐや夕方は動いたり食べたりしていることが多いです。フェンスをよじ登ったりすると、いつもは見られないお腹も見えます

DATA → P179

展示場 -- アライグマ舎

アライグマ
オト

性別 オス
誕生 2013年
性格 元気でやんちゃ

ホースでプールに水を入れていると必ずやってきて、水を必死に両前脚で掴もうとします。癒されます。仰向けでのけ反って寝るのが特技

テディベアのモデル?
アメリカグマの赤ちゃんが、ぬいぐるみの「テディベア」のモデルといわれています。かなり俊敏で、時速約40kmのスピードで走ることができます。いわゆるクマらしい見た目のクマです。

富士サファリパーク

「クマゾーンには、アメリカグマのほかヒグマ、ヒマラヤグマが見られます。それぞれのクマの違いを比較しながら観察してください」
（広報担当：今井 啓介さん）

 基本は車窓越しになります。ただ「ウォーキングサファリ」なら、サファリの外周から動物が狙えます。望遠はあったほうがいいかも

DATA → P177

展示場 -- サファリゾーン「クマゾーン」

アメリカグマ
ANIMAL DATA
【学名】*Ursus americanus*
【分類】食肉目 クマ科 クマ属
【生息地】北アメリカ大陸
【好物】果実、昆虫など
【寿命】約20〜30年
【サイズ】
体長約120〜200cm
体重約120〜200kg

木のそばからコチラをうかがっています

茶色のほか黒色・赤褐色などいろいろ

のぼりべつ クマ牧場

約70頭のエゾヒグマを展示。「メスのエリアでは、エサをめぐってアピール合戦が繰り広げられており、予想もつかない動きを見られます」（飼育係：吉見 優さん）

📷 第二牧場の観覧台からがベストポジション。オヤツを見せたタイミングにクマがみせるアピールポーズの瞬間を狙いましょう

DATA ➡ P165

展示場 -- 第一・第二牧場

ゴロ〜ン

ベッキー

性別	メス
誕生	2006年1月27日
性格	体は大きいが気が小さい

いつも一緒の"モリコ"が大好き。彼女がいないととても困った顔になり、彼女がケンカを始めるとすぐに駆けつけて援護します

エゾヒグマ ANIMAL DATA

【学名】*Ursus arctos yesoensis*
【分類】食肉目 クマ科 クマ属
【生息地】日本の北海道
【好物】果実、昆虫など
【寿命】約20〜30年
【サイズ】
体長約130〜250cm
体重約120〜450kg

冬眠でなく冬ごもり

クマは冬眠することで知られていますが、野生のエゾヒグマは「冬眠」ではなく「冬ごもり」をします。つまり眠りが浅く、足音だけで目を覚ますほど。ただ穴にはこもってます。

姫路セントラル パーク

ウォーキングサファリで多くのクマたちに出会えます。「エサを見せると後肢で立ち、手を上げココに投げてと要求します」（飼育員：水谷 陽平さん）

📷 エサを見せたときに手を上げるので、その瞬間を狙いましょう。展示場内の池の正面からクマたちを見る位置がベストポジション

DATA ➡ P185

展示場 -- ウォーキングサファリ「ベアバレイ」

おやつちょ〜だい

エゾヒグマ メムロ

性別	メス
誕生	1998年1月24日
性格	アピール上手

エサをもらおうとするアピールがうまく、ほかのクマからも奪い取ろうとするため、ときどき恐れられています

キリン

＃動物で一番＃背が高い＃首と舌＃長い

首が長いのはなぜ
諸説あり、一説には首が長いと高い樹木のエサ、つまりライバルのいない場所のエサを独占できるから。別の説は見晴らしのいいサバンナでの監視のため。どちらも納得できます。

動画で
CHECK

日本での多数派はアミメキリン
キリンの種類はアミメキリン、マサイキリン、キタキリン、ミナミキリンなどいくつかあります。日本の動物園に飼育されているほとんどがアミメキリン。数園にマサイキリンがいます。

首の長さが特徴的なキリンも動物園を代表する生きものです。地上では一番背の高い動物で首も最長。日本の動物園で多く飼育されているアミメキリンは、模様がハッキリしていて、模様と模様の間の筋は白く、アミメキリンという名称にふさわしい見た目です。頭部にあるツノは2本かと思いきや、実は5本あります。見つけやすい2本とは別に、額に1本と後頭部に2本のツノがありますが、後頭部の2本を探すのは難しいかもしれません。また、立ったまま眠ることもよく知られています。

かつては檻の中にいるような展示が主流でしたが、今は、サファリパークのように、キリンが生息するサバンナの環境を再現した展示が増えてきています。

三姉妹です

富士サファリパークで
のびのび暮らすキリン

仲よし三姉妹です。末っ子は誰にでも積
極的に挨拶します。次女は臆病なところ
がありますが、妹の面倒をよくみています

こゆき／レイナ／
ひまり（右から）

（性別）メス
（誕生）2011年12月27日／
2019年12月14日／
2021年6月16日
（性格）リーダーシップあり／
慎重派／好奇心旺盛

秋吉台自然動物園
サファリランド

「ふれあい広場に6頭のキリン家
族がいます。長い首で高いところ
にあるエサを食べるので、それに
合わせて階段や脚立でエサを用意
します。長い舌で葉っぱを巻き取っ
て食べる様子は必見です」
（動物部班長：山元 めぐみさん）

キリン展示場の餌やり体験場
所が撮影スポット。キリンが餌
やり体験の葉っぱを食べるところを狙
えば、いい表情が撮れます

DATA → P187

展示場 --
ふれあい広場「キリン展示場」

面倒見のいい
長女です

"こゆき"は"ひまり"をすごくかわ
いがります

舌は長くて黒っぽい
キリンの舌は長く、黒っぽ
い色をしています。これは
食べ物の刺激や紫外線か
らカラダを守るために、メ
ラニン色素を増やして防
御しているためといわれて
います。

ANIMAL DATA
【学名】
Delphinapterus leucas
【分類】偶蹄目 キリン科
キリン属
【生息地】アフリカ大陸など
【好物】
アカシアの葉、果実など
【寿命】野生で約10〜15年、
飼育下で約20〜30年
【サイズ】
高さ約4〜5m
体重約550〜2000kg

富士 サファリパーク

多数のキリンが草食ゾーンを歩いています。「マイカーやジャングルバスのすぐそばを通り過ぎていく、迫力ある姿を見てください」（広報担当：今井 啓介さん）

📷 サファリゾーンのなかでもキリンは車に寄ってきたり、近くを歩いたりすることが多い動物です。ガラス越しですが接写のチャンスも大

DATA ➡ P177

展示場 --
サファリゾーン「一般草食ゾーン」

サファリならでは

マイカーのそばを歩くキリンの姿に感動します

キリン親子

性別　親：メス／子：オス
誕生　子：2020年10月3日
性格　親はやさしく、子は元気いっぱい

子どもが生まれたときは高さ約170cmくらいでしたが、かなり大きくなりました。徐々に屋外の環境に慣らしていきサファリゾーンでデビュー予定です

2021年
4月生まれ

羽村市動物公園

キリンは数頭サバンナ園で暮らしています。「4月生まれの女の子は8月に名前がついたばかり。お母さんの"小町"といつも一緒にいます」（飼育員：磯部 雅和さん）

📷 "小町"の首にはハートマークがあります。2頭で並んでいることも多いので、親子のツーショットを狙ってみましょう

DATA ➡ P173

展示場 -- サバンナ園

彩羽
（いろは）

性別　メス
誕生　2021年4月23日
性格　のんびり屋さん

「羽」村生まれのこの子の未来が「いろどり（彩）」豊かであるようにと命名されました。だんだん、お母さんに似てきました

東武動物公園

「4頭のキリンが暮らしています。キリンは座り方が上品です。休息・睡眠時間が短いので、座っている姿を見られたらラッキーです」
（飼育係：疋田 喬之さん）

アフリカサバンナの客路がおすすめ。人止め柵内の草を食べようとして首を伸ばすタイミングを狙えば至近距離で撮影できるかも

DATA → P170

展示場 -- アフリカサバンナ

ナツコ（母）

性別	メス
誕生	2015年7月16日
性格	マイペース

2017年に当園へやってきた"ナツコ"が"ホープ"との間に"ナツキ"を出産したのは、東武動物公園のキリンにとって、実に17年ぶりでした

ナツキ（子）

性別	オス
誕生	2021年6月11日
性格	慎重派

カラダの大きさと脚の長さのアンバランスさは、子ども時代特有の姿。生後間もなくは授乳が確認できなかったため飼育係が哺乳を手伝いました

2021年6月生まれ

埼玉県こども動物自然公園

数頭のキリンがいます。「新しいキリン舎をつくっています（オープン未定）。キリンの引っ越し終了後、新展示場での姿を見に来てくださいね」（飼育係：長島 拓志さん）

じっくり観察しているとキリンがよくいる場所がわかります。飼育係が近くを通ったときは動きが活発になるのでシャッターチャンス

DATA → P169

展示場 -- 北園

元気いっぱいで、よく運動場を走り回っています

2021年7月生まれ

ステップ（母）／レン（子）

性別	母：メス／子：オス
誕生	母：2016年6月17日／子：2021年7月8日
性格	母は面倒見がよく、子は好奇心旺盛

ステップは初産でしたがスムーズに出産し、今では立派なお母さんです。赤ちゃんは生まれたその日から飼育係のすぐそばまで来て匂いを嗅いでいました

ゾウ

#大きい #やさしい #長い鼻 #象牙

キバがあるのはオスだけ?

キバはオスだけでなくメスにもありますが、アジアゾウのメスのキバは短いため外部からは見えません。アフリカゾウのほうがキバが長く、オスは3m以上にもなります。

ゾウを目の前にすると「動物園に来た～」という感じがしませんか? ポピュラーな動物園の人気者ゾウは、全国40カ所以上の動物園やサファリパークで飼育・展示しています。

ゾウは、アジアゾウとアフリカゾウに大別されますが、アフリカゾウのほうがひとまわりサイズが大きいようです。日本ではアジアゾウが多く、インドゾウはアジアゾウの1種です。

また、一番大きなほ乳類で、1日約100kgの食事をとります。総じて、やさしい性格で感情表現も豊か。飼育員さんとのやりとりやトレーニングの様子を見られる動物園も数多くあるのも特徴です。市原ぞうの国ではパフォーマンスも実施しています。

この風景は富士サファリパークだけのもの

低周波音で会話

ゾウ同士は低周波音という人間の耳には聞こえない音で会話をしています。匂いをかいだり、顔と顔をくっつけたりするのも、ゾウのコミュニケーションの手段です。

////////////////////////////

富士サファリパーク

「アジアゾウは、マイカーやジャングルバス（園内周遊バス）で回るサファリゾーンに展示しています。富士山を背景にして、アジアゾウたちがのびのびと過ごしている姿をご覧ください」
（広報担当：今井 啓介さん）

マイカー見学の場合、長時間停車は NG ですが、入園料で何周も回ることができます。納得いく写真が撮れるまで何度もトライできます

展示場 --
サファリゾーン「ゾウゾーン」

アジアゾウ ANIMAL DATA

【学名】*Elephas maximus*
【分類】
ゾウ目 ゾウ科 アジアゾウ属
【生息地】東南アジア
【好物】木の枝葉、果実など
【寿命】約 60 ～ 80 年
【サイズ】
高さ約 2.5 ～ 3.2 m
体重約 2 ～ 5t

夏限定！「泳ぐゾウ」を横から

例年、7 月中旬～ 9 月下旬の期間限定で「泳ぐゾウ」を実施。泳いでいるゾウの姿を、アクリルガラス越しに側面から見られます

ゾウの鼻はなぜ長い？

食べ物を探して取るとき、カラダが大きいのでしゃがむとエネルギーを使います。体力の温存手段として、自然と鼻が長くなったといわれています。鼻には骨がなく、可動域が広いです。

楽しそうに水浴びをする横浜市立金沢動物園のインドゾウ

写真提供：
横浜市立金沢動物園

インドゾウ ANIMAL DATA

【学名】*Elephas maximus indicus*
【分類】
ゾウ目 ゾウ科 アジアゾウ属
【生息地】
ネパール、インドなど
【好物】木の葉など
【寿命】約 60 ～ 80 年
【サイズ】
高さ約 2.5 ～ 3.2 m
体重約 4 ～ 5t

横浜市立
金沢動物園

「水浴び用ホースが各所にあり、ダイナミックな水浴びは必見です。冬はお湯で実施します。トレーニング風景が見られることも」
（飼育員：半澤 紗由里さん）

撮影は園路側から一方向しかできません。給餌したり、放水したり絵になるシーンがあるので、そのときを狙ってください

DATA ➡ P175

展示場 -- ユーラシア区

写真提供：横浜市立金沢動物園

キバ長いっ!!

インドゾウ
ボン

性別	オス
誕生	1976 年
性格	几帳面で繊細

日本で一番長い牙を持っており、カラダも大きく体重は 6.5t あります。木の葉を鼻で持って頭をポリポリ掻くなど細かい動きが得意です

市原ぞうの国

「当園生まれの 5 頭とそのファミリーが約 10 頭暮らしています。ほとんどがアジアゾウですが 1 頭、"サンディ"だけアフリカゾウです」
（飼育員：佐々木 麻衣さん）

エレファントスプラッシュでの水浴びやおやつを食べているときがか狙い目。もちろん、パフォーマンス時も撮りやすいですよ

DATA ➡ P171

展示場 -- エレファントヴィレッジ／
エレファントスプラッシュ

アジアゾウ
もも夏

性別	メス
誕生	2018 年 7 月 31 日
性格	天真爛漫

ぬいぐるみのようなマルマルとした体形です。園内の散歩が大好きで、歩くときにあっちこっちへふらふらしながら歩いています

パフォーマンスが見られる

パフォーマンスタイムは、おやつタイムや、ぞうさんライド、ぞうさんリフトと内容豊富。お絵描きも見事です

(PART 3)

#変わり者#個性派#マイペース

手が長かったり、尾が長かったり、白くなったり…
その違いを知れば知るほど好きになる、
奥深い個性派動物の世界へ。

ハシビロコウ

#動かない #不思議 #意外と #見てる!?

掛川花鳥園のアイドル "ふたば"

寝グセ（？）と クチバシに注目

ハシビロコウには、頭の後ろに寝グセのような羽があります。また、大きくて固いクチバシは印象的。このクチバシの模様が個体を見分けるときの、わかりやすい目印になります。

白目になった!?

しばらくハシビロコウを見ていると目が白くなることがあります。これは、瞬膜（しゅんまく）という、鳥類がもつ特有の膜で、水や埃などから目を守る「第三のまぶた」と呼ばれています。

動画で
CHECK

ANIMAL DATA

【学名】
Balaeniceps rex

【分類】
ペリカン目 ハシビロコウ科

【生息地】
アフリカ大陸の草原地帯

【好物】
川魚、カエル、ヘビなど

【寿命】30 〜 40 年

【サイズ】
体長 1.0 〜 1.4 m くらい
体重 4 〜 7kg くらい

なぜ動かない？

動かないのは、エサを確実に捕らえるためです。特に、大好物の肺魚は、息継ぎのために水面に上がってくるのは数時間おきなので、その瞬間に捕らえるため、じ〜っと動かずに、それを狙っているというわけです。

動かない鳥としてSNSなどで徐々に話題になり、知名度が上がったハシビロコウ。実は、この愛すべき動かない鳥に会える動物園は日本で7カ所しかありません。世界の生息数は5000〜8000羽といわれ、動物園などでの飼育数は40〜50羽、そのうちの10数羽、つまり約3割が日本の動物園で飼育されていることになります。日本は比較的ハシビロコウに会いに行きやすい国といえます。

特徴的な行動としては、クチバシをカタカタ鳴らすクラッタリングという動きでコミュニケーションをとります。めったに飛びませんが、エサが捕れず場所を変えるときなどに飛ぶことがあります。寝グセのような羽やクチバシなどのカラダのポイントにも注目です。

ふたば

- **性別** メス
- **来園** 2016年3月
- **性格** 甘え上手で男性が好き!?

フォトブックが出るほどの人気者。好きなスタッフ限定でおじぎをします。名前は後頭部の「寝グセ」羽が双葉に見えることに由来。中心に向かって、黄色から濃い青色へ変わる美しい目の色にも注目です

掛川花鳥園

「ハシビロコウは1羽しかいないため、すぐに見つけられます。"ふたば"はハシビロコウにしては、よく動きます。大好きな飼育員が来るとおじぎをしたり、クチバシを鳴らしたりする姿を見ることができます」(バードスタッフ:副島 慎介さん)

📷 高い柵ではないので撮影には向いています。ワラを一生懸命運ぶシーンに合えたらチャンスです。展示場内を旋回することもあります

DATA ➡ P177

展示場 -- ハシビロコウの森

ワラ持ってきたよ〜

凝視

ボンゴ

- - - - - - -

性別	オス
来園	2014 年 12 月
性格	気分屋さん

打楽器のボンゴから命名。カラダが大きく、クチバシは表皮がはがれている部分もあります。健康チェックが嫌いなのでいち早く察知して茂みに隠れます

///////////////////////////////

神戸どうぶつ王国

「ハシビロコウの生息地を再現しており、池にエサのナマズやドジョウが放たれ、獲物を待ち伏せする姿や捕食する姿など野生に近い生態を間近で見られます。2 羽の関係性も観察してみてください」（飼育スタッフ：長嶋 敏博さん）

📷 ハシビロコウの生態に合わせた展示場所です。観察路や観察デッキから、背景も含めて撮影すると素敵な写真が撮れます

DATA → P184

展示場 --
ハシビロコウ生態園 Big bill

"ボンゴ"がいる展示場は 2021 年 4 月にオープンした、ハシビロコウ専門の展示エリア「ハシビロコウ生態園 Big bill」です

マリンバ

- **性別** メス
- **来園** 2015 年 11 月
- **性格** 狩りが上手

マリンバとは木琴のこと。人に慣れていませんが、狩りはうまく、池のナマズを捕食していました。

マリンバの目つきの鋭さもかなりのもの。
にらまれると怖いです…

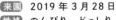

松江フォーゲルパーク

「一見怖そうに見える正面の顔に対して、愛嬌のある横顔、寝グセのような頭の飾り羽など、いろいろな表情を見せてくれます」
（飼育課：森本 未来さん）

展示室の来園者側に来ることがあるので、アップを撮るならそのタイミングで。違うポーズを撮る場合は時間をかけてシャッターチャンスを狙いましょう

DATA → P186

展示場 -- トロピカルエイピアリー

フドウ

- **性別** オス
- **来園** 2019 年 3 月 28 日
- **性格** のんびり、どっしり

日光浴が大好きで、不動感満載の下の写真もそのシーンです。クラッタリング動画が話題になりましたが、どうも撮影のスタッフに挨拶をしていたようです

座るとカモみたい

お座り
できます

ささ

性別 オス
来園 2010 年
性格 観察するのが好き

来園時はメスと伝えられていました
が、鑑定の結果オスと判明しました。
行動派で、来園者の目の前まで来
て観察しています

高知県立
のいち動物公園

1 羽が暮らしています。「よく、動
かないといわれていますが、わりと
アクティブで、クラッタリングもと
きどき行います。暑い夏は展示場
に水をまくなど暑さ対策も徹底して
います」(飼育員:小松 美和さん)

ネット越しですが檻ではないの
で撮影には向いています。タイ
ミングが合えば飛ぶところを狙って、
少し撮影待ちをしてもいいでしょう

DATA ➡ P188

展示場 -- アフリカ・オーストラリア
ゾーン

天気のいい日、ハシビロコウは羽を広げて天日干しをします。
"ささ"も気持ちよさそうです

"ささ"はカラダが大きく目立ちます。枯葉や野草などをクチバシに挟んで運ぶのが得意です

じっと

(性別) オス
(来園) 1989 年
(性格) おおらか

名前は 2014 年、公募により決定しました。右足のリングが目印。のんびり、おおらかで、ていねいに羽づくりをする姿がよく見られます

羽を天日干し

千葉市動物公園

「動きのスピード、目つき、羽づや等に注目して健康状態を判断しています。動いている・いないより、何をしているんだろう、何を考えているんだろう、という視点で見ると魅力が見つかりますよ」
（主任技師：宮﨑 沙都さん）

動かない状態をゆったり撮影したいときは、昼間の日光浴中を。動いている様子なら、夕方屋内に帰る直前が狙い目かもしれません

DATA ➡ P170

展示場 -- 鳥類・水系ゾーン

しずか

(性別) メス
(来園) 1989 年 10 月 19 日
(性格) 主体性があり創造的

人をよく見分け、遠くからでも見つけられます。植栽の上がお気に入りで、巣材にできそうなものを見つけるとせっせと運び、安定感抜群の巣をつくります

日本モンキーセンターのアヌビスヒヒ。
顔は黒く、体毛はオリーブ色をしています

個性豊かなサルたち

動画で
CHECK

名前の由来は神様

アヌビスヒヒの「アヌビス」は、エジプトのアヌビス神が由来。アヌビス神はイヌの頭をしており、アヌビスヒヒの顔がイヌに似ていることも一因のようです。ちなみに「ワン」と鳴くこともあります。

ここでは特に、顔や姿にインパクトがあるサルの仲間にフォーカスしてみました。イヌのような黒い顔が特徴のアヌビスヒヒ、タテガミが印象的なシシオザル、アニメ作品でもおなじみのマンドリル、手足の長いクモザルやパタスモンキーなど。さらに、フサオマキザルやエリマキキツネザル、毛並みが美しいブラッザグエノンやアビシニアコロブス、小さなワタボウシタマリンに、ニホンザルのようなアカゲザル。日本の動物園には、いろいろなサルの仲間がいるなぁと実感します。

アヌビスヒヒ
ANIMAL DATA

【学名】*Papio anubis*
【分類】霊長目
オナガザル科 ヒヒ属
【生息地】
アフリカ大陸中央部
【好物】果実、木の葉など
【寿命】約30〜40年
【サイズ】
体長 約60〜85cm
尾長 約50〜55cm
体重 約15〜30kg

フィーノ

【性別】オス
【誕生】2012年3月13日
【性格】運動能力高め

オリンピックの体操選手でもできないようなS難度の鉄棒技「足大車輪」が得意。2020年秋にケガをしましたが完治して復活しました

獅子尾だからシシオ

尾の先が房状で、ライオンの尾に似ていることから「獅子尾猿＝シシオザル」といわれています。顔のまわりのタテガミもライオンのように立派。

ロミオ

【性別】オス
【誕生】2005年2月24日
【性格】争いを好まない

全頭似たような顔のため見分けることが難しいアヌビスヒヒですが、一番顔が整っているというのが飼育担当者内での一致した意見でした

足大車輪が特技

シシオザル ANIMAL DATA

【学名】Macaca silenus
【分類】霊長目 オナガザル科 マカク属
【生息地】インド
【好物】果実、昆虫など
【寿命】野生で約20年、飼育下で約30〜40年
【サイズ】
体長 約45〜65cm、
尾長 約25〜38cm
体重 約3〜10kg

日本モンキーセンター

「アヌビスヒヒはおやつが出てくる装置を使うところを、シシオザルは鉄棒での特技を、マンドリルは8頭での群れの生活を観察してみてください。それぞれ個性的です」
（飼育員：荒木さん／根本さん／廣澤さん）

📷 アヌビスヒヒはやぐらの頂上や中段にいるところを。シシオザルはカメラを向けられると何もしないので柵の隙間から隠し撮りで

DATA ➡ P178

DATA ➡ P178

展示場 -- ヒヒの城／アジア館／アフリカセンター

霊長類で最大の集団

野生のマンドリルは霊長類で一番大きな集団をつくります。その集団内には、なんと200〜800の個体がいるといわれています。

マンドリル ANIMAL DATA

【学名】Mandrillus sphinx
【分類】霊長目 オナガザル科 マンドリル属
【生息地】アフリカ大陸 カメルーンなど
【好物】果実、種子など
【寿命】野生で約20年、飼育下で約30〜40年
【サイズ】
体長 約55〜80cm
尾長 約10cm
体重 約10〜25kg

イラーリ

【性別】メス
【誕生】2017年5月1日
【性格】小さいけど強気

まだ成長中で、ほかの個体より体が小さく、顔の赤や青い色が薄いです。2歳上の"サユミ"の背中にくっついて寝るのが好き

ハル

性別	オス
誕生	2010年1月20日
性格	ときどき亭主関白

基本的には思いやりがあるのですが、まれに亭主関白になります。とにかく神経質で何か変化があるとキャンキャン鳴き続けます

遊ばない？

眠い…

尾の先に指紋？？
尻尾の先端には、人の指紋にそっくりな尾紋（びもん）というものがあり、尾で器用にモノをしっかりとつかむことができます。

ジェフロイクモザル ANIMAL DATA
【学名】	*Ateles geoffroyi*
【分類】	霊長目 クモザル科 クモザル属
【生息地】	中央アメリカなど
【好物】	果実、木の葉など
【寿命】	飼育下で約30〜40年
【サイズ】	
体長約30〜60cm	
尾長約65〜85cm	
体重約6〜9kg	

ときわ動物園

「ジェフロイクモザルは長い手足と尻尾が特徴で、これらを巧みに使って樹上を移動する姿が魅力。カピバラと一緒の展示です。パタスモンキーは、ミーアキャットの展示場と隣接しています」
（動物課：高司さん／田村さん）

 ジェフロイクモザルは、カピバラの展示場そばから撮るとカピバラと一緒に撮影できます。パスタモンキーは走っていたらラッキーです

DATA ➡ P187
展示場 -- 中南米の水辺ゾーン／
アフリカの丘陵・マダガスカルゾーン

パタスモンキー ANIMAL DATA
【学名】	*Erythrocebus patas*
【分類】	霊長目 オナガザル科 パタスモンキー属
【生息地】	アフリカ大陸中央部
【好物】	木の葉、果実など
【寿命】	野生で約10年、飼育下で約20〜25年
【サイズ】	体長約50〜70cm
尾長約50〜70cm	
体重約6〜12kg	

サル界のトップランナー
サルの仲間で一番足が速く、最速で時速55kmものスピードを出すことができます。早く走るために進化した長い肢が特徴です。顔は黒く、白い口ひげがはえています。

よく走る！

サキ

性別	メス
誕生	2008年1月25日
性格	食いしん坊でよく走る

当園で一番よく走ってます。食いしん坊で、ほお袋がパンパンになるまでエサをつめ、あとでゆっくり食べています

群れの
リーダー

なぜエリマキ？

群れで子育て

子育ては群れで行います。母親以外が子どもを背負うこともあります。若い個体は子育てを学び、子どもは社会性を学びます。

横浜市立
野毛山動物園

「フサオマキザルは、とてもしっかりした社会性をもつサルの仲間です。観察していると、いろいろなコミュニケーションをとっていることが分かります」
（フサオマキザル担当）

📷 エサ台に親子でいることが多いです。檻の格子を避けるなら、奥の窓辺や高い止まり木にいるときに望遠レンズで撮りましょう

DATA ➡ P174

展示場 -- フサオマキザル舎

ジュンノスケ

性別	オス
誕生	2008 年 2 月 10 日
性格	注意深く統率力あり

群れのリーダーで、厳しいときもありますが、子どもがチョロチョロしたり、ちょっかいを出したときはやさしくかまってあげてます

フサオマキザル
ANIMAL DATA

【学名】	*Cebus apella*
【分類】	霊長目 オマキザル科 オマキザル属
【生息地】	南アメリカ北部
【好物】	昆虫、果実など
【寿命】	野生で約 15 〜 20 年、飼育下で約 30 〜 40 年
【サイズ】	体長約 30 〜 50cm 尾長約 35 〜 50cm 体重約 2 〜 5kg

那須ワールド
モンキーパーク

全部で 6 頭の個体がいます。「シロクロの毛並みが美しいキツネザルです。エサをあげてみてください。大接近することができます」
（担当飼育員）

📷 ふれあい広場にエサを持って入ると、すごい勢いで飛びついてきます。そのシーンを自撮りかほかの人に撮ってもらいましょう

DATA ➡ P169

展示場 -- ふれあい広場

シロクロエリマキ
キツネザル
ANIMAL DATA

【学名】	*Varecia variegata*
【分類】	霊長目 キツネザル科 エリマキキツネザル属
【生息地】	マダガスカル東部
【好物】	花の蜜、果実など
【寿命】	野生で約 15 〜 20 年、飼育下で約 20 〜 35 年
【サイズ】	体長約 50 〜 55cm 尾長約 60 〜 65cm 体重約 3 〜 4kg

なぜエリマキ？

耳からノドにかけての毛がマフラー（襟巻）に見えることに由来しています。エリマキキツネザルは、白黒のほか赤茶のアカエリマキキツネザルという種類もあります。

クラノスケ

性別	オス
誕生	2020 年 4 月 15 日
性格	遊ぶのが大好き

当園生まれ。M 字の前髪とオレンジの瞳がチャームポイントです。遊ぶことが好きなので、すぐ飛びついてきます

＼いいなぁ／

静岡市立 日本平動物園

6頭の家族。「美しい見た目とブタのような鳴き声が特徴的です。その表情はまるで人間のよう で、右の写真のようなシーンもよくあります」（主任技師：横山 卓志さん）

 檻が映り込みやすいですが、曇りの日や陰になっている部分を望遠レンズで狙うと檻が写り込みにくくなります

DATA → P175

展示場 -- 中型サル舎

ユウキ（右）

性別	オス
誕生	2009 年 3 月 29 日
性格	リーダーシップがある

群れのリーダー的存在。移動のとき先頭に立って鳴きながら仲間を誘導しています

ユッシー

性別	メス
誕生	2016 年 6 月 30 日
性格	細身のクールビューティー

協調性があって世渡り上手です。ほかの個体に怒られたり追いかけられたりすることはほとんどありません

その顔から黄門様とも
アゴに白いヒゲがはえているため、その顔つきから、黄門様という愛称で親しまれています。

ブラッザグエノン ANIMAL DATA
【学名】	*Cercopithecus neglectus*
【分類】	霊長目 オナガザル科 オナガザル属
【生息地】	アフリカ中西部
【好物】	果実など
【寿命】	野生で約 20 年、飼育下で約 30 年
【サイズ】	体長約 40 ～ 60cm 尾長約 50 ～ 70cm 体重約 2.5 ～ 8kg

旭川市 旭山動物園

全部で 5 頭を展示。「葉が主食なので、ほかのサルと比べて消化のために休息時間が長めです。ジャンプが得意技です」（飼育スタッフ：佐藤 和加子さん）

親子の黒白ショットは生後 4 カ月まで。成長すると、今度は兄弟姉妹で遊ぶ姿が見られるので、それを狙ってみましょう

DATA → P164

展示場 -- サル舎

アビシニアコロブス ANIMAL DATA
【学名】	*Colobus guereza*
【分類】	霊長目 オナガザル科 コロブス属
【生息地】	アフリカ中央部
【好物】	果実、木の葉など
【寿命】	約 20 ～ 30 年
【サイズ】	体長約 45 ～ 70cm 尾長約 50 ～ 90cm 体重約 5 ～ 15kg

アビ（母）／アクイラ（子）

性別	母：メス／子：オス
誕生	母：2006 年 1 月 子：2021 年 7 月 7 日
性格	母は力強く、子はやんちゃ

子どもは七夕生まれなので「彦星→わし座＝ラテン語でアクイラ」と命名されました。"アイクラ"はかなりやんちゃに育っています

赤ちゃんは真っ白
生まれたときは真っ白。だんだんと黒い毛が出てきて生後 4 か月くらいで親と同じ配色になります。

2021 年 7 月生まれ

江戸川区
自然動物園

「家族単位の群れで生活する姿が観察できます。2021年にも2頭（写真右）加わりました。鳴き声が小鳥のようでかわいいです」
（飼育員：初山 瞳さん）

📷 正面から撮ると自分がガラスに写り込んでしまうため、やや斜めから。ワタボウシが画角からはずれないように意識しましょう

DATA → P172

展示場 -- ワタボウシマリン展示場

小さめで、やや丸顔のパッチリした目が特徴です。窓越しですが、お客さんの近くに行ってよく観察しています

\ 2021年 6月生まれ /

ワタボウシタマリン
ANIMAL DATA

【学名】*Saguinus oedipus*
【分類】霊長目 オマキザル科 タマリン属
【生息地】コロンビア北西部
【好物】昆虫、果実など
【寿命】野生で約15年、飼育下で約25年
【サイズ】体長約20〜30cm
尾長約30〜40cm
体重約400〜600g

ほとんどが双子
タマリンの仲間や小型のマーモセットは、ほとんど双子で生まれます。父親が子育てに協力することでも知られています。

アン

性別 メス
誕生 2020年4月17日
性格 好奇心旺盛

京都市動物園

「高齢のアカゲザルは若齢群とは別に2頭で老猿ホームという場所で飼育しています。高齢だからこその愛らしさがありますよ」
（飼育員：板東 はるなさん）

📷 屋内の撮影ではホワイトバランスなどのカメラの設定を調整するとキレイに撮れます。"ゴンゴ"は動きがゆっくりなので撮りやすいかも

DATA → P183

展示場 -- 類人猿舎 老猿ホーム

アカゲザルの群れ
アカゲザルは、10〜50頭前後の、メスを中心にした群れをつくります。メスは生涯その群れで暮らしますが、オスは大人になるまでに群れを離れます。

アカゲザル
ANIMAL DATA

【学名】*Macaca mulatta*
【分類】霊長目 オナガザル科 マカク属
【生息地】アジア大陸
【好物】果実など
【寿命】約25〜30年
【サイズ】体長約50〜65cm
尾長約20〜30cm
体重約5〜8kg

ゴンゴ

性別 メス
誕生 1990年5月5日
性格 寂しがり屋

仲よしの個体が老猿ホームへ行って寂しそうだったので"ゴンゴ"の幸せのために、老猿ホームに移動しました

ワオキツネザル

#ワオ〜#ひなたぼっこ#尻尾#長い

ワオは「輪の尻尾」から！ 尻尾の役割は？

ワオキツネザルの「ワオ」は「輪尾」のことで、尻尾の白と黒のしましま模様からついた名前です。尻尾はカラダよりも長く、群れで移動する際にはぐれないように立てて歩いたりします。

動画で CHECK

ANIMAL DATA

【学名】	*Lemur catta*
【分類】	霊長目 キツネザル科 ワオキツネザル属
【生息地】	マダガスカル南部
【好物】	果実、草花、昆虫など
【寿命】	飼育下で約30年
【サイズ】	体長約15〜40cm
	尾長約55〜62cm
	体重約2.5〜3.5kg

手を広げる日光浴のポーズ

座ったまま両腕・両足を広げたポーズで日光浴をします。天気のいい日は、群れで同じポーズ、同じ方向を向く様子が見られます。これは、寒いのが苦手なため、太陽の光を目いっぱいあびるため、自然とこのポーズになった、といわれています。

伊豆シャボテン動物公園の「ワオキツネザルの島」の様子

動物園でお祈りのようなポーズをしているサルの集団がいました。珍しさから、よく見るとワオキツネザルという種類。調べてみると、日本では50カ所以上の動物園で飼育・展示している、メジャーなサルでした。展示だけの施設が多いですが、伊豆シャボテン動物公園や那須ワールドモンキーパークのように、大接近できたり、エサやりできる場合もあります。

そのポーズや、白と黒の見た目も、長い尻尾も印象的ですが、運動能力が高く、長く大きな脚で3m以上ジャンプします。また、においでコミュニケーションをとります。オスは尻尾ににおいをつけて、メスにアピールします。そんなワオキツネザルの行動も観察してみてください。

レイシーの子

- (性別) メス
- (誕生) 2021年1月6日
- (性格) 甘えん坊

2021年
1月生ま

お母さんはベテランママの "レイシー"。この子が生まれたあとも、別の母ザルたちから赤ちゃんが生まれ、順調に育っています

伊豆シャボテン動物公園

島に約20頭が暮らしています。「当園のワオキツネザルは人に慣れているので肩に乗ってきます。サルの世界は想像以上に複雑で、群れや関係性については日頃から注意深く観察しています」
（飼育員：白井 悠人さん）

📷 島に上陸し（有料）、間近で撮影するのがおすすめです。なかなか肩に乗る体験はできないので、乗っているときがシャッターチャンス

DATA ➡ P176

展示場 -- ワオキツネザルの島

「アニマルボートツアーズ」で大接近

ワオキツネザルなどがいる9つの島と沿岸をボートで巡るツアーが人気です。島上陸コースは1200円（入園料別）

那須ワールド
モンキーパーク

6頭を飼育。「しましま模様の尻尾が目立ちますが、目の周りの隈取りは歌舞伎役者のようにも見えて、そこもまた魅力的です」
（担当飼育員）

ふれあい広場でのエサやりは撮影にもおすすめ。エサを食べている姿がかわいいのでシャッターチャンスを狙いましょう

DATA → P169

展示場 -- ふれあい広場

2021年
3月生まれ

ランギク

性別　メス
誕生　2021年3月7日
性格　天真爛漫で甘えん坊

丸顔で全体的にコロッとしています。ミルクを飲むのが下手で苦労しましたが、今は広場の群れに仲間入りしました

「ふれあい広場」の
接近度がスゴイ

エサ（税300円）を持ってふれあい広場に入ると、すごい勢いでくっついて来ます。なかなかできない体験

日本モンキー
センター

「檻のない広い空間で10数頭を展示しています。のびのび自由に動き回る行動をご覧ください。"チゴハヤ"は要注意サルです…」
（飼育主任：坂口 真悟さん）

歩いたり走ったりすると、すぐ疲れるので、休憩に入った瞬間を狙いましょう。屋根の下でまったり過ごすことが多いです

DATA → P178

展示場 --Waoランド

目がレモン色でシャープな顔つき。足が速く落ち着きがなく、同じ年のメス"チリフラ"と一緒になるとテンションがマックスになります

チゴハヤ

性別　メス
誕生　2017年3月3日
性格　おてんば

だぁ〜〜

ワオキツネザルのお休みの
ワンシーン

旭川市
旭山動物園

11頭を飼育しています。「天気が
良い日は太陽に向かって座ってお
腹を向けています。縦に設置した
丸太にくっつくのが得意です」
（飼育スタッフ：佐藤 和加子さん）

 檻越しの撮影になりますが、一
部ガラス面があるので、そこが
狙い目です

DATA ➡ P164

展示場 -- サル舎

“マカロン”はホワイトデー
に生まれました。ちょっと小
柄で、やんちゃで食いしん坊です。
“ナスカ”はベテランママ

2021年
3月生まれ

ナスカ（母）／マカロン（子）

性別　母：メス／子：不明
誕生　親：2008年3月
　　　子：2021年3月14日
性格　落ち着いた母とやんちゃな子

ときわ動物園

10数頭飼育。「においでサル同
士はコミュニケーションをとります。
人のにおいがつくとケンカになるた
め飼育員も直接さわりません」
（飼育専門員：川出 比香里さん）

 暑い日は日陰でカラダを舐めた
り、寒い日は日向ぼっこしたり、
ユニークな行動が多いので、季節ごと
の姿を撮影してみてください

DATA ➡ P187

展示場 --
アフリカの丘陵・マダガスカルゾーン

モモ

性別　メス
誕生　2014年3月22日
性格　女王様気質

群れでの順位が一番上で、すぐケンカを
ふっかけます。よくオスたちから熱心な
毛づくろいを受けている女王様です

テナガザル

#手の長い #類人猿 #おじさんの絶叫!?

腕の長さは足の1.5倍

木の上で生活するため、それに適応したカラダの構造をしています。枝などをつかみやすいように親指が短く、ほかの4本は細長かったり、腕の長さは足の約1.5倍あるんです。

声のヒミツは「のど袋」

フクロテナガザルの名前の由来は「のど袋」です。グレープフルーツくらいの大きさの袋がのどにあり、これによって大きな声で鳴くことができます。フクロテナガザルはテナガザルで一番大型です。

フクロテナガザル
ANIMAL DATA

【学名】
Symphalangus syndactylus

【分類】サル目 テナガザル科
フクロテナガザル属

【生息地】
スマトラ島の森林など

【好物】果実、木の葉など

【寿命】野生で約15年、
飼育下で約30〜40年

【サイズ】
体長約75〜100cm
体重約10〜20kg

名古屋市東山動植物園の名物
フクロテナガザル "ケイジ"

類人猿（=ape）は、ヒトに似ている霊長類の通称です。ゴリラやオランウータン、チンパンジー、ボノボが類人猿に当たりますが、テナガザルも類人猿です。テナガザルという名称そのままに、手が長いサルのことで、ここではフクロテナガザルとシロテテナガザルを紹介します。

フクロテナガザルは「のど袋」による大きな鳴き声が有名で、特に名古屋市東山動植物園の "ケイジ" の声は「おじさんの絶叫に聞こえる」と、SNSでかなり話題になりました。日本で約10カ所の動物園にいます。シロテテナガザルは全国20カ所以上の動物園で見られる、わりとメジャーな動物です。手足の先端部が白いことから、この名前がついています。

名古屋市
東山動植物園

"ケイジ"1頭の展示です。「鳴き声を出す際の袋のふくらみにはぜひ注目してみてください。また、長い腕を使って雲梯(うんてい)のように動物舎内をアクロバティックに動き回る姿に、運動能力の高さを感じます」
（フクロテナガザル担当飼育員）

 屋外運動場は檻で、檻抜きの写真を撮るのは難しいため、ガラス越しにはなりますが屋内観覧の方が撮影しやすいかもしれません

DATA → P178
展示場 -- 動物園北園
「フクロテナガザル舎」

ケイジ

性別	オス
来園	1988年4月23日
性格	人好きでお調子者

鳴き始めて盛り上がってくると「あー」という声を出します。これが、中年のおじさんの叫び声のように聞こえると話題になりました。本来は、オスとメスで鳴き交わして、縄張りを主張したり絆を深めたりします

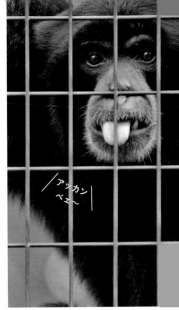
アッカンベェ〜

写真提供：名古屋市東山動植物園

ときわ動物園

「生息環境展示の一環として、檻がなく、高さの制限もない島で生活しています。自由に木から木へ飛び移る様子を見るのは圧巻」
（飼育員：入江 栞さん）

 基本的に木の上を動き回るので、島の周りからベストショットを狙いましょう。寝室の間にある揺れる橋から撮ると接近できるかも

DATA → P187
展示場 -- アジアの森林ゾーン

シン

性別	オス
誕生	1995年4月23日
性格	イクメンパパ

ほぼ木の上で暮らす
一生のほとんどを木の上で暮らし、地上に降りることはめったにありません。長い手で振り子のようにはずみをつけて木から木へと移動する様子は、テナガザルらしい行動です。

表情豊か

シロテテナガザル
ANIMAL DATA

【学名】*Hylobates lar*	
【分類】サル目 テナガザル科	
テナガザル属	
【生息地】	
中国、東南アジアなど	
【好物】果実、昆虫など	
【寿命】野生で約25年、	
飼育下で約30〜40年	
【サイズ】	
体長約45cm	
体重約5〜6kg	

来園当初、交尾行動はなかったのですが、当時の飼育員の努力で育児もするようになり、今は4頭の子どもを育てたお父さんです

伊豆アニマルキングダムの
ホワイトタイガー

ホワイトタイガーと
ホワイトライオン

野生にはほぼいない

世界的に、動物園の飼育下以外で見かけることはほとんどありません。最後に発見されたのが1951年にインドで捕獲された個体でした。これはホワイトライオンも同じで野生は少数です。

黄色系の色がイメージとして定着しているトラとライオンですが、白系のホワイトタイガー&ホワイトライオンもいます。日本の動物園などでは、ホワイトタイガーを約15カ所、ホワイトライオンを約10カ所で飼育・展示しています。ほとんどの施設で広いスペースが確保されていて、なるべく野生に近いと思われる環境で、動物が快適に過ごせるような展示を心がけています（とはいっても、野生では、ほとんど生息していません）。

ホワイトタイガーはネコ科ですが、水の中が好きで泳いだりもします。ホワイトタイガー、ホワイトライオンとも、肉球がピンクで、目の色がブルーです。ホワイトライオンはホワイトというよりクリーム色に近い色をしています。

106

ホワイトライオン ANIMAL DATA

【学名】*Panthera leo*

【分類】ネコ目 ネコ科 ヒョウ属

【生息地】飼育下と南アフリカに少し

【好物】肉など

【寿命】約 20 〜 25 年

【サイズ】
体長約 1.5 〜 2.5 m
体重約 120 〜 220kg

姫路セントラルパーク、サファリのホワイトライオン

どうして白くなった？

氷河期時代の白い世界で身を隠すには白いカラダが最適だったため、ホワイトライオンやホワイトタイガーという白変種が生まれた、というのが白い理由の有力説です。

ベンガルトラの白変種

ベンガルトラ（左写真）の白変種でアルビノ（突然変異）ではありません。インドでは「神の化身」とされ、見た人には幸運が訪れるという伝説があるようです。

身だしなみを整え中

ホワイトタイガー ANIMAL DATA

【学名】
Panthera tigris tigris

【分類】ネコ目 ネコ科 ヒョウ属

【生息地】野生はほとんどいない

【好物】肉など

【寿命】約 15 年

【サイズ】
体長約 1.5 〜 2.8 m
体重約 110 〜 280kg

伊豆アニマルキングダム

親子三世代を飼育・展示しています。「子どもたちは今は見た目も大きさも違いはありませんが、生後1年がたつと変化がみられます」
（広報企画担当：稲葉さん）

📷 園路のほかレストランからガラス越しに撮影できます。親子ともにアクティブに動きますので、写真なら連写または動画がおすすめ

DATA ➡ P176

展示場 --
ウォーキングサファリゾーン

家族写真

ホワイトタイガー
シロップ（母）／
メレンゲ／ホイップ（子）

写真にいないオスの"バニラ"を加えた仲よし家族。展示場で追っかけっこやプール遊びをする姿がかわいいです

(性別) メス
(誕生) 母：2014年4月／
子：2020年10月14日
(性格) 母は落ち着いていて、
子は遊び好き

私のモノ

丸い氷を手に入れると、誰にもとられないようキープ

ニフレル

1頭飼育です。「自然界同様、獲物を探す動きができるように、エサをあちこちに隠します。キュレーターと知恵比べの日々です」
（担当キュレーター）

📷 食べる凛々しい姿、眠る癒しの光景、まどろんでいるかっこいい様子など、どれも美しく迫力があるカットが撮れます

DATA ➡ P182

展示場 -- みずべにふれる

ホワイトタイガー
アクア

(性別) オス
(誕生) 2013年3月16日
(性格) 自由で気まま

呼びかけると、尾を一瞬動かしたり振り返ったり、挨拶をしているかのようです。ピンク色の鼻と肉球が特徴。よくミニカバや人を眺めています

東武動物公園

4頭がいます。「ネコ科には珍しく水が好きなので、プールに入って涼みます。木登りもお手のもの。勢いよく登る姿も見られます」
（飼育係：北濱 健太さん）

 ホワイトタイガーガイドのときに、縦長のガラス前でお肉を食べようと立ち上がったときが一番のシャッターチャンスです

DATA → P170

展示場 -- キャットワールド「ホワイトタイガー舎」

ホワイトタイガー
シュガー

（性別）オス
（誕生）2018年8月16日
（性格）飼育係好きで木登り好き

当園で一番の新人ですが、もっとも飼育係が好きで、担当者を見つけるとすぐに近寄って行きます。木登りが得意です

帝王切開で最初は仮死状態でしたが、スタッフのがんばりで1時間40分後に産声を上げました。ミンチ肉も少し食べ始めています

姫路
セントラルパーク

18頭を飼育・展示しています。「サファリに普通のライオンもいるので、色・肉球・目の色などの違いを観察してみてください」
（飼育係：前山 悠希さん）

 サファリでは車の窓越し、ウォーキングサファリでは、ガラス越しでの撮影です。特にオスは、できるだけ正面が迫力があります

DATA → P185

展示場 -- ウォーキングサファリ「ウォーキングアベニュー」

2021年
7月生まれ

ホワイトライオン
ライムの子
（性別）オス
（誕生）2021年7月30日
（性格）やんちゃ

ホワイトライオン
ブラン

（性別）オス
（誕生）2017年5月22日
（性格）力強い

"なな"とともに双子として生まれ話題になりました。"ブラン"とは、フランス語で白を意味します

アリクイ

#顔が長い #アリ #食べる #ユーモラス

ラクチン

長くてふさふさの尾

オオアリクイの尾は長くてふさふさしています。長さは1mになることもあるほどです。眠るときは、この尾で全身を覆うようにして寝ます。ちなみに、相手を威嚇するときには、オオアリクイは立ち上がります。

動画で
CHECK

名古屋市東山動植物園、オオアリクイ親子のおんぶ
写真提供：名古屋市東山動植物園

日本の動物園で見られるアリクイは、オオアリクイとミナミコアリクイとキタコアリクイの3種。本書では、うち2種を紹介します。

色合いは違いますが、顔のあたりや前肢の爪など、共通点もあります。どちらも、子どもを背負って育てる習性があるのも注目です。

アリクイは名前の示すとおり、アリを探し、アリを食べて生活します。細長い顔も、前肢の鋭い爪も（アリ塚を壊します）、アリを食べるために適したカラダの仕組みなのです。細長い舌でアリをなめるのです。

オオアリクイ ANIMAL DATA

【学名】
Myrmecophaga tridactyla
【分類】 有毛目 アリクイ科
オオアリクイ属
【生息地】 南アメリカなど
【好物】 アリ、シロアリなど
【寿命】 飼育下で約25年
【サイズ】
体長約 100 ～ 130cm
尾長約 65 ～ 100cm
体重約 20 ～ 40kg

110

アリクイ

重い…

伊豆シャボテン動物公園の
ミナミコアリクイ親子です

模様がレスリング？

ミナミコアリクイのカラダの模様は、レスリングのユニフォームに似ています。ただ、那須どうぶつ王国のような亜種では、毛の模様が少し違う場合があります（→ P113）。

ミナミコアリクイ ANIMAL DATA

【学名】	*Tamandua tetradactyla*
【分類】	有毛目 アリクイ科 コアリクイ属
【生息地】	南アメリカなど
【好物】	アリ、シロアリなど
【寿命】	飼育下で約 8 〜 12 年
【サイズ】	体長約 35 〜 90cm 尾長約 35 〜 70cm 体重約 1.5 〜 8.5kg

アリクイの特徴

○アリを食べる

○細長い顔の形

○嗅覚は優秀、目は悪い

○子どもはよくおんぶされる

○前肢に強力で長い爪あり
　（アリ塚壊し、木登りなどのため）

とり、丸飲みにします。歯はほとんどありません。日本でオオアリクイのいる動物園は5カ所以上、ミナミコアリクイは10カ所以上。貴重な展示といえます。

名古屋市
東山動植物園

5頭を飼育。「アリを大量に用意するのは難しいので、代わりのエサをふやかしたりペースト状にするなど工夫して与えています」
（オオアリクイ担当飼育員）

 運動場に出ているときや、朽ち木を爪でばりばり壊す姿を狙いましょう。夏になると不定期で実施する水浴びなど、動きがある場面も◎

DATA → P178

展示場 - -
動物園北園「オオアリクイ舎」

オオアリクイ
さん平

性別	オス
誕生	2014年12月25日
性格	水が好きな甘えん坊

飼育員が水をかけると喜びます。子どもの頃、かなり大きくなるまでおんぶされていて、母親の"エミ"が重そう…と話題になりました

写真提供：
名古屋市東山動植物園

前肢はかなりたくましく鋭い爪をもっています

じっとしていることが少なく、よく穴掘りをします。夕方部屋に戻ったあと、寝転んで左前肢を舐めるクセが。必ず左なのです

江戸川区
自然動物園

「アリを食べるために進化した細長い顔や舌や大きな爪が魅力。どこかユーモラスな姿を見てください」
（飼育員：前田 亮輔さん）

 動物を見下ろすスタイルの屋外展示場なので、ほかとは違うアングルの写真が撮影できます。同じ目線からのカットも撮れます

DATA → P172

展示場 - - オオアリクイ展示場

オオアリクイ
アニモ

性別	オス
誕生	2008年9月25日
性格	おとなしく穏やか

上からのアングルで、例えばこんなカットが撮れます

112

那須どうぶつ王国

「3頭を日替わりで展示しています。寝ていることが多いですが、エサの時間は注目。また、アクビをしたときに、約30cmの舌の長さも観察してみてください」
（飼育員：二川原 美帆さん）

📷 ガラス越しの展示で、正面から撮影するのがベスト。不定期でエサの時間があるので、そのときがシャッターチャンスです

DATA → P168

展示場 -- 王国タウン「熱帯の森」

ミナミコアリクイ
アーリー
- - - - - - - - - - - -
性別　オス
誕生　2013年
　　　2月19日
性格　自由奔放

ミナミコアリクイの亜種でベストのような模様がなく、国内でも珍しい色です。スプーンのエサを食べるのが得意技

伊豆シャボテン動物公園

「父母と仲よし5兄弟姉妹の7頭がいます。とても力が強い動物なので、外に散歩に行き、アリの巣掘りなどを定期的に行っています」
（飼育員：滝口 優さん）

📷 外を散歩しているシーンに出会えたらラッキー。人により好みはありますが、顔を正面から見ると、悶えるほどのかわいさです

DATA → P176

展示場 -- 地下温室展示場「メキシコ館」前

ミナミコアリクイ
アン
- - - - - -
性別　メス
誕生　2020年12月1日
性格　やんちゃ

初の女の子で、溺愛されて育ちました。好奇心旺盛で、じっとしていられない、やんちゃな性格です

とても甘え上手で、抱きつくのも得意です

ナマケモノ

#動かない #怠け者? #ツメ #鋭い

キュウ

性別 メス
来園 2010年3月27日
性格 愛情深い

2014年の初出産から2021年までに5頭の子どもを生んでいます。子育てが上手で親離れするまで常に子どものそばで守っています

ホントに怠け者?

1日のほとんどを木にぶら下がって過ごします。極力エネルギーを使わず食事も最小限、という生活。怠け者なのかミニマリストなのか微妙ですが、どうも様子を見ていると動くのが面白そう…。

フタユビナマケモノ
ANIMAL DATA

【学名】
Choloepus didactylus
【分類】
有毛目 ナマケモノ亜目
フタユビナマケモノ科
【生息地】
中央・南アメリカなど
【好物】葉、果実、苔など
【寿命】野生で約12年、
飼育下で約30年
【サイズ】
体長約60〜65cm

動画で
CHECK

できればこうありたい、と思う人もけっこういそうなナマケモノ。とにかく動きません。ほぼ木にぶら下がっています。省エネ・エコで見習うべきところもありそうですが、ほとんどの時間を寝て過ごします。しかし、そのゆったりした姿とかわいい顔で人気は上昇中。

ナマケモノには、フタユビナマケモノとミユビナマケモノの2科があります。その名のとおり、指の数で分けています。フタユビは前肢の指2本、後肢の指3本。ミユビは前肢・後肢とも各3本です。

日本の動物園にいるのはすべてフタユビナマケモノで、約20カ所で見ることができます。展示は屋内が多く、屋内外両方での展示は少数。動く姿を見たい場合はエサの時間に訪れましょう。

ラクチ～ン

アミーゴ

性別 オス
来園 1996年1月22日
性格 面倒くさがり

"キュウ" との間に子どもがいます。ときどき寝すぎて頭の毛の寝癖がすごいことになっています。でも、それがまたかわいい♡

食事は1日約10g!?
食事は木の上から届く範囲で葉っぱや果実などを食べます。その量、なんと1日8～10g！ キログラムではなくグラム。なお、木から下りるのは約1週間おきに行くトイレのときです。

高知県立 のいち動物公園

2頭が暮らしています。「嗅覚が優れているので、においでコミュニケーションを取ったりエサの場所を嗅ぎ分けています。温度には繊細で、室内温度は1年通じて一定です」（飼育員：南部 泰代さん）

📷 夕方になると移動してエサを食べるのでチャンスです。正面から枝を移動する姿や食べる姿をとらえるとカメラ目線をくれるときも

DATA ➡ P188

展示場 -- ジャングルミュージアム

埼玉県こども 動物自然公園

飼育は4頭で展示は"ノン"親子。「省エネ型の動物ですので、動かない時間は長く、ただの毛のかたまりのように見えることもあります。でも、動くとけっこう速いんです」（飼育係：二場 恵美子さん）

📷 夕方にエサをあげることが多いので、そのときがチャンス。少し離れた通路からの観覧のため、撮影できる場所は限られています

DATA ➡ P169

展示場 -- 東園「コアラ舎」

2021年 6月生まれ

ノンの子

性別 不明
来園 2021年6月22日
性格 甘えん坊

お母さんの"ノン"は今までに2頭の子どもを育てています。子どもは約1年で親離れするので、それまでは一緒の姿を見られます

抱っこされているときの体勢によっては見えないことも

ヤマアラシ

ハリはいつ出す？刺さると痛い？

ハリは、常に見えていますが、威嚇するときや怒ったときに逆立てます。鋭くて硬く、ゴム長靴などを貫通するほどの威力があります。ハリは体毛なので抜けたらまた生えてきます。

名古屋市東山動植物園のヤマアラシ "ムック" が食事中

ヤマアラシというのは、ヤマアラシ科とアメリカヤマアラシ科を表す一般的な総称です。しかし、両者は同じネズミの仲間でも系統が大きく違います。別々に進化をして、その結果、似たような見た目となった動物です。その見た目の共通点が、カラダにハリ（針毛ともいう）をもつことです。

ハリをもつという見た目とは裏腹に、トコトコと歩く姿を見るとファンになってしまう人も多く、赤ちゃんにもハリがあり、なんだか健気で意地らしくもあります。

日本の動物園では、ヤマアラシは30カ所以上の施設にいます。アフリカタテガミヤマアラシの飼育・展示施設は多く、25カ所以上。逆に、カナダヤマアラシは珍しく、全国で4カ所だけです。

名古屋市
東山動植物園

1頭だけの屋外展示です。「一見するとハリがないみたいですが、よく見ると毛に混じってハリがあるんです。前肢がかなり器用です」（カナダヤマアラシ担当飼育員）

🔘 木に登っているタイミングで、同じ目線の場所に移動し撮影してみましょう。前肢でエサをつかんで食べる姿もおすすめです

DATA ➡ P178

展示場 --
動物園北園「カナダヤマアラシ舎」

写真提供：名古屋市東山動植物園

ムック
- - - - - - - -
性別　オス
来園　2007年5月14日
性格　のんびり屋さん

ムックは道行く人にナマケモノやビーバーなどに間違われます。そんなことを知ってか知らずか、木の上でのんびりと眠っています

カナダヤマアラシ
ANIMAL DATA

【学名】
Erethizon dorsatum
【分類】
ネズミ目
アメリカヤマアラシ科
【生息地】カナダ、アメリカ
合衆国西部・北東部
【好物】樹皮、木の葉など
【寿命】野生で約6年、
飼育下で約10年以上
【サイズ】
体長約65～70cm
体重約3.5～7kg

2021年
6月生まれ

東武動物公園

12頭を飼育しています。「つぶらな瞳をしていてやさしい顔なんです。ごはんを食べているときは、なんともいえないウットリした表情をします」（飼育係：谷仲 由妃さん）

🔘 ヤマアラシの表情は横顔がおすすめです。真下にいる個体や正面より、少し遠くの個体の横顔をズームで撮影してみてください

DATA ➡ P170

展示場 -- 小獣舎

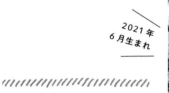

ウネビ
- - - - - - - -
性別　メス
誕生　2021年6月26日
性格　好奇心旺盛

2021年6月に三姉妹が生まれました。"ウネビ"のほか"ミミナ""カグヤ"という名前に決まりました。3頭が揃うシーンを見学できるかも

アフリカタテガミ
ヤマアラシ
ANIMAL DATA

【学名】*Hystrix cristata*
【分類】ネズミ目
ヤマアラシ科
【生息地】アフリカ
【好物】果実、木の葉、草など
【寿命】野生で約5～7年、
飼育下で約12～20年
【サイズ】
体長約60～85cm
体重約15～30kg

Column 2

動物の絶滅危機を救う
動物園の役割

動物園には、動物を展示するだけではなく、
繁殖活動により、その動物が
絶滅しないようにする役割もあります。

名古屋市東山動植物園から鹿児島市平川動物公園に、ブリーディングローンの結果、2021 年に移動したコアラの"インディコ"

　ブリーディングローンという言葉をご存じでしょうか。これは、繁殖のために、動物園や水族館で動物・生きものを無償で貸し借りするシステムで、何年も前から多くの動物園で行われています。加えて近年、世界的に取引規制が厳しくなったため、動物の入手自体が困難、という事情からもブリーディングローンが盛んになってきました。実際、どんな移動が施設間で行われているのか、本書で取り上げた動物を例にご紹介します。

　レッサーパンダでは、鹿児島市平川動物公園の"風美"（→ P18）が挙げられます。2011 年に千葉市動物公園から来た個体で、あの"風太"（→ P20）の娘です。鹿児島にて3 頭の子を育てています。同じく平川市動物公園のコアラ"インディコ"（上写真・→ P31）など、コアラも移動が盛んな動物のひとつです。埼玉県こども動物公園のキリン"ステップ"（→ P83）は 2017 年に横浜市立金沢動物園からやって来て、2021 年に赤ちゃんを産みました。ニフレルにいたアメリカビーバーの"モカ"（→ P156）は東武動物公園へ婿入りしました。

施設間では盛んにおこなわれているブリーティングローン。推しだった動物が、別の動物園で親子となった姿で見られたら、喜びもひとしおです。

　動物園は動物たちの保護施設であり、動物保護について教える教育施設でもあります。絶滅の恐れがある野生生物、いわゆるレッドリストの動物たちを守るのが動物園の仕事のひとつです。ちなみに、レッドリストとは国際自然保護連合（IUCN）が定めたもので、そのカテゴリーは「絶滅（EX）」から「深刻な危機（CR）」や「準絶滅危惧（NT）」など 9 つに分かれています。動物園の動物の解説板等に書いてあることもあるので、動物園を訪れた際にぜひ探してみてください。

　2021 年 10 月のデータでは、絶滅の脅威にさらされている生きものの種類は約 3 万 8500 種。そこには身近な動物も数多くいます。なお、日本国内でも環境省や地方自治体が独自のレッドリストを作成しています。とにもかくにも、動物たちがしっかりと子孫を残していけるよう、私たちにできることが何か、考えていかなければなりません。

(PART 4)

#希少#珍しい#見ておきたい

世界的に珍しい動物はどんな姿で、どんな動きをするのでしょう？
機会があれば、施設で実物を見てみたいものです。
日本でも限られた施設でしか飼育されていない動物たちを集めました。

以前の展示場でのカット。現在は新展示場に移っています

カクカクした特有の動き

マヌルネコはカクカクとした動きをします。あまり動きは俊敏ではないため、狩りのときも岩になりきるため「動いてビタッと止まって」という動きを繰り返します。

マヌルネコ

#何百万年も前から #生きたネコ #気品漂う

動画で
CHECK

ボル

性別	オス
誕生	2014 年 4 月 18 日
性格	とても穏やか

顔が大きく目が高い位置にあります。飼育員が不定期にエサを与えるのですが、なぜか前もって丸太に座ってスタンバイしています

数年前、那須どうぶつ王国発信でマヌルネコなる動物が話題になりました。「世界最古のネコ」と紹介され、その姿を見てみると美形で凛々しい顔。たちまちSNSでも人気になりました。

日本の動物園で飼育・展示しているのはわずか7カ所で、なかなかの希少種。野生に近い環境を再現して展示する施設も増えています。マヌルネコは総じて警戒心が強く、隠れてることも多いのですが、逆に探す楽しみがあったり、動いている姿を見つけると余計ファンになってしまうかも。

ANIMAL DATA

【学名】
Otocolobus manul

【分類】
食肉目 ネコ科

【生息地】 アジア南部など

【好物】
ネズミ、ウサギ、鳥類など

【寿命】 約 10 年

【サイズ】
体長約 50 〜 65cm
体重約 2.5 〜 5kg

/////////////////////////////

那須どうぶつ王国

「2021年夏からマヌルネコの新展示場が誕生しました。2頭が快適に暮らせるよう、滝や池、岩場など生息地を再現した空間です」
（飼育員：千葉 友里さん）

 自然に囲まれた新展示場は、野生下に生息しているような雰囲気なので、のびのびと過ごしている様子を背景込みで撮るのがおすすめです

DATA → P168

展示場 -- アジアの森

ポリー
- - - - - - - -

性別 メス
誕生 2015年5月15日
性格 気が強い

顔のパーツが中央に寄っていて小顔の美形。近くを飼育員が通ると、物陰からこっそり見ていることが多いそう

耳の位置と長い体毛
一般によく見かけるネコと違って、耳は顔の横にあります。毛がふさふさと長いのも特徴。どちらも、寒い生息地で岩場に隠れながら獲物を待ちかまえるのに適した姿、つまり過酷な環境に対応した結果です。

/////////////////////////////

埼玉県こども
動物自然公園

「2021年に屋外放飼場マヌルロックが完成。3頭を展示しています。距離感に気をつけて体調の変化を観察しています」
（飼育係：齊藤 友萌さん）

 室内展示室にマヌルネコがよく隠れている場所があるので探してみてください。屋外放飼場は右端から、室内より出てくるところを

DATA → P169

展示場 -- マヌルネコ舎 マヌルロック

オリーヴァ
- - - - - - - - - - - - -

性別 メス
誕生 2017年4月20日
性格 観察力がある

姿が見えないと思うと、上の方から気配を消してじっとこちらを観察しています。その様子は野生での姿を連想させてくれます

かゆっ

神戸どうぶつ王国

「展示は2頭です。飼いネコとは違う特徴に注目してみてください。目や耳の位置、瞳孔の収縮の仕方などいろいろあります。また、俊敏でコマ送りのようなマヌルネコ独特の動きもおもしろいです」
（飼育スタッフ：月原 ひとみさん）

📷 展示場右手のガラス前がベストポジション。砂場で砂浴びしているところなどを狙いましょう。展示場の左上もお気に入りの場所です

DATA ➡ P184

展示場 -- アジアの森

レフ

性別 オス
誕生 2014年5月15日
性格 適応力抜群

性格がにじみ出るきょとんとした顔つきが魅力。来園初日に何もためらわずスタッフの前でエサを食べました（通常は警戒して食べない）

アズ

性別 メス
誕生 2019年4月22日
性格 警戒心が強く慎重

飼育スタッフを見ると物陰に隠れながらじりじりと距離を詰めていきます。たまに猫パンチを繰り出します。そんなところが愛らしいです

名古屋市
東山動植物園

「モコモコの毛並みと、ネコ科なのにカクカクとした独特の動きをするところに注目してみてください。展示は2頭です」
（マヌルネコ担当飼育員）

📷 食肉小獣舎は古い動物舎で、檻が太く撮影が難しい場所です。被写体が奥にいるときに、ズームでうまく檻を避けて撮影を

DATA ➡ P178

展示場 --
動物園本園「食肉小獣舎」

ハニー

性別 メス
誕生 2012年4月21日
性格 ツンデレクール系

普段はクールですが繁殖期になると豹変。オスの"エル"や飼育員に対して甘える仕草を見せます。そんなツンデレキャラも魅力

写真提供：
名古屋市東山動植物園

ツンデレ～

神戸市立
王子動物園

「展示している1頭は、ふわふわの毛が魅力です。夏でも毛量は多めですが、冬になるとよりふわふわ感が増して、また違ったかわいさがあります」

（飼育員：山田 真未さん）

 シベリアオオヤマネコ側の上段の岩場によく隠れています。隠れていることが多いですが、朝と夕方には軽快な姿が見られるかも

DATA ➡ P184

展示場 -- 王子猫長屋

箱が
お気に入り

イーリス

性別 オス
誕生 2017年4月20日
性格 警戒心が強い

室内では、飼育員お手製の巣箱が大好きで、中からひょっこり顔を出してこちらの様子をうかがっています。目が少し黄色がかっています

外に出るのも好きで、夕方なかなか室内に戻らないとか

旭川市
旭山動物園

「旭川はマヌルネコの生息地に環境が近いので本来の姿を見られると思います。自然に近い動きを再現できる展示を心がけています」

（飼育係：鈴木 達也さん）

 飼育係が近くにいると警戒して岩のようになってしまうので、飼育係が立ち去ったあとに、リラックスしたり動き回っている様子を撮影

DATA ➡ P164

展示場 -- 小獣舎

グルーシャ

性別 オス
誕生 2017年4月20日
性格 慎重で臆病

国内のどのマヌルネコよりもマヌルネコらしいフォルムが自慢です。足が短く、胴が太い…ように見えます

とっても希少なサルたち

#日本で #4園以下 #個性的 #夢にでそう

↑日本で
ココだけ

赤ちゃんは大人と色が違う

木の葉や果物などを主食とする、リーフイーター（葉喰いザル）の仲間です。生まれたばかりの赤ちゃんは、成獣と違って全身が赤茶色の毛並みで、顔の色も成獣が白なのに対して真っ黒です。

ラー

性別	オス
誕生	1995年12月22日
性格	非常に穏やか

ズーラシアで飼育しているアカアシドゥクラングールのなかで最高齢です。顔が幅広いのが特徴。若い個体にエサを取られてもあまり怒りません。アジアの熱帯林にいます

日本の動物園にはサルの仲間がたくさんいます。ニホンザルをはじめ、聞いたこともない種類のサルも数多くいます。ココでは、日本で唯一の展示や、日本で数園でしか見られない種類を紹介します。

希少なサルの仲間を集めてみたら、よこはま動物園ズーラシアと日本モンキーセンターに集約できました。ズーラシアは開園当初から珍しいサルの展示がウリの施設でしたし、日本モンキーセンターは国内屈指の霊長類展示施設。この2カ所で見られるサルをチェックしてみましょう。

アカアシドゥクラングール
ANIMAL DATA

【学名】	*Pygathrix nemaeus*
【分類】	霊長目 オナガザル科 ドゥクラングール属
【生息地】	ラオス、ベトナム
【好物】	木の葉、果物など
【寿命】	約30年
【サイズ】	体長約50～65cm 尾長約40～65cm 体重約6～14kg

日本で
3 園のみ

**器用な尾さばきで
すいすい移動**

尻尾と手足を器用に使って
擬木やロープの間をすいす
いと移動します。尾だけで
も全体重を支えられるほど
です。エサを尾でつかんで
移動することもあるほど器
用な尾さばきです。

ハーブ

日本で
ココだけ

（性別）**メス**
（誕生）**2002 年 7 月 18 日**
（性格）**愛情深い**

息子の "セイロン"（2013 年
生まれ）をとても大切にしてい
ます。一緒に行動することも
多く、息子が騒ぐと一目散に
駆けつけます。アマゾンの密
林で暮らしています

//////////////////////////////

よこはま動物園
ズーラシア

「3 種のうち 2 種はズーラシアにし
かいない希少なサルです。アカア
シドゥクラングールは 10 数頭、ウー
リーモンキーは 6 頭、テングザル
は 6 頭います。群れの様子を観察
してみてください」
（飼育展示係：渡邊 恵さん）

📷 テングザル以外は展示場の金
　網が細かいので金網をぼかす
テクニックが必要です。テングザルは
ガラスビューなので写り込みに注意

DATA ➡ P174

展示場 -- アジアの熱帯林／アマゾ
ンの密林／中央アジアの高地

写真提供：よこはま動物園ズーラシア

ウーリーモンキー
ANIMAL DATA

【学名】*Lagothrix cana*
【分類】霊長目 クモザル科
ウーリーモンキー属
【生息地】南米アマゾン川流域
【好物】果実、木の葉など
【寿命】飼育下で約 25 年
【サイズ】体長約 40 ～ 65cm
尾長約 40 ～ 80cm
体重約 5 ～ 8kg

テングザル
ANIMAL DATA

【学名】*Nasalis larvatus*
【分類】霊長目 オナガザル科
テングザル属
【生息地】ボルネオ島
【好物】木の葉など
【寿命】飼育下で約 25 年
【サイズ】体長約 60 ～ 75cm
尾長約 55 ～ 65cm
体重約 10 ～ 25kg

キナンティー（左）／ゲンキ（右）

（性別）**メス／オス**
（誕生）**2004 年 2 月 17 日／ 2003 年 4 月 11 日**
（性格）**子育て上手／責任感が強い**

2 頭と 4 頭の子どもで群れをつくっています。"ゲンキ"
は子どもたちの成長具合がわかっている、しっかりした、
いいお父さんです。中央アジアの高地にいます

**長くて大きい鼻は
オスだけ**

名前どおり、天狗のよう
大きく垂れ下がった鼻をも
のは大人のオスだけです。
スや子どもはツンと尖った
をしています。大きな鼻は
い鳴き声を出すのに役立
ています。

日本で
3園のみ

顔が白いのはオスだけ
真っ黒なカラダに真っ白の顔が印象的ですが、これはオスだけです。メスは灰褐色で鼻の両側に白いラインがあります。水を飲むとき、手ですくったり毛を浸して吸ったりすることもあるようです。

飼育員が近づくと見つめてきます

モップ

- 性別 **オス**
- 来園 **2004年4月14日**
- 性格 **人目を気にしないが慎重**

SNSをきっかけに当園のアイドルになり、書籍化もされました。毛がモップみたいだからこの名前がつきました。つぶらな瞳も魅力的です

シロガオサキ
ANIMAL DATA

【学名】	*Pithecia pithecia*
【分類】	霊長目 サキ科 サキ属
【生息地】	アマゾン川の北東部
【好物】	種子、果物など
【寿命】	野生で約15年、飼育下で約35年
【サイズ】	体長約30〜40cm
	尾長約35〜45cm
	体重約1.5〜2.5kg

胃が3つあるベジタリアン

コロブスの仲間は木の葉をよく食べるため、消化するために胃が3つに分かれています。カラダの色は黒が中心ですが、顔のまわりと肩に白くて長い毛が生えているのが印象的。手の第1指がないのも特徴です。

ポール

- 性別 オス
- 来園 1997年1月8日
- 性格 美食家

野菜や果物が大好きで、誕生日には豪華ベジタリアンセットをプレゼント。サツマイモやリンゴなどをおいしそうに味わっていました

アンゴラコロブス ANIMAL DATA

【学名】*Colobus angolensis*
【分類】霊長目 オナガザル科 コロブス亜科 コロブス属
【生息地】アンゴラからケニアなど
【好物】木の葉、果実など
【寿命】野生で約20年、飼育下で約30年
【サイズ】体長約50〜70cm 尾長約60〜90cm 体重約6〜12kg

日本モンキーセンター

「日本で当園にしかいなかったり、日本では希少な霊長類がたくさんいます。このページで紹介した種類はほんの一部です」
(飼育員：寺尾さん／辻内さん)

檻越しの展示のほか、アンゴラコロブスはガラス越しの寝室も見られます。3種とも、止まり木に止まっている姿がフォトジェニック

DATA → P178

展示場 -- 南米館
(アンゴラコロブスはアフリカ館)

父親の"レグルス"と同居中。2頭は尻を揺らしてリズムをシンクロさせます。隣のシロガオサキがエサをもらっていると嫉妬します

ラカーユ

- 性別 メス
- 誕生 2013年11月28
- 性格 おとなしい

ヒゲサキ ANIMAL DATA

【学名】*Chiropotes chiropotes*
【分類】霊長目 オマキザル科 ヒゲサキ属
【生息地】ベネズエラからブラジルなど
【好物】種子、果実など
【寿命】飼育下で約15〜35年
【サイズ】体長約35〜45cm 尾長約30〜40cm 体重約2〜4kg

真ん中分けと立派なアゴヒゲ

真ん中でキレイに分かれている頭の毛と、ふさふさのアゴヒゲが特徴的。尾はカラダと同じぐらいの長さがあり長い毛で覆われています。複数のオスとメスによる群れをつくります。

ミニカバ（コビトカバ）とカバ

カバは動物園でもおなじみの動物ですが、ミニカバ（コビトカバ）という種類をご存じでしょうか？ カバとの類似点も多いですが、大きさや住環境、耳の場所など違うところも多々あります。

日本でミニカバ（コビトカバ）を飼育・展示しているところは、わずか5カ所です。最近は、ブリーディングローン（P118）の効果もあり、出産ラッシュ。親子のツーショットが見られる施設もいくつかあります。小さいミニカバの赤ちゃんの愛らしさは悶絶級です。しかし、普通のカバも負けてはいません。今回は親子カバを中心に紹介しましょう。

ミニカバ（コビトカバ）ANIMAL DATA

【学名】*Choeropsis liberiensis*
【分類】
鯨偶蹄目 カバ科 コビトカバ属
【生息地】アフリカ西部
（ギニア、リベリアなど）
【好物】草、木の葉、果実など
【寿命】野生で約15〜20年、飼育下で約40〜55年
【サイズ】
体長約150〜175cm
体重約180〜275kg

小型のカバではなく…

カバに似ているため「小型のカバ」と思われがちですが「カバの祖先の姿」を残した貴重な生きものといわれています。ジャイアントパンダ、オカピと並んで世界三大珍獣とよばれます。

動画で CHECK

カバに比べると小さい!?

ニフレルのミニカバ "モトモト" と "フルフル"。この2頭の子どもが生まれました

子育てと「血の汗」!?

カバと違うのが出産や哺乳を陸上で行うこと。そのためか、耳や目が顔の横にあります。逆に同じなのが、体毛がなくて皮膚が乾燥や紫外線に弱いため「赤い汗」といわれる分泌液を流すところです。

カバの大あくびはあくび？

動物園でたまに見かけるカバの大あくびですが、あれは、あくびではなく、威嚇行動として大きな口をあけています。カバ同士の争いは、どちらが大きな口を開けるかを競うそうです。

旭川市旭山動物園のカバ親子

耳と目と鼻が一直線

顔を水面に出したとき、耳と目と鼻がほぼ一直線になっています。これは敵に見つからないためと周囲を見張るため。つまり、水中で目立たないようにするためです。

カバ ANIMAL DATA

【学名】
Hippopotamus amphibius

【分類】
鯨偶蹄目 カバ科 カバ属

【生息地】アフリカ大陸のサハラ砂漠以南

【好物】草、木の葉、根など

【寿命】約30年

【サイズ】
体長約3.5〜4m
体重約1300〜2000kg

カバ	違い	ミニカバ（コビトカバ）
成人男性の約20〜30倍※	重さ	カバの約10分の1
水辺	住環境	森林
潜ったまま周囲を確認するため一直線	耳と目と鼻	耳と目は顔の側面鼻は前面

※成人男性の体重を約60kgとして計算しています。

129

2021年
6月生まれ

ミニカバ
テンテン（子）／フルフル（母）

性別	メス
誕生	2021年6月18日／2012年12月17日
性格	おてんば／テキパキしている

"テンテン"は狭い場所にすっぽり入って昼寝したり、お母さんが寝室に帰るよう促してもプールから出なかったり、やんちゃぶりが止まりません

//////////////////////////////

ニフレル

「ニフレルでは2頭目となるミニカバの赤ちゃんが誕生しました。カラダ全体が丸みを帯び、1歳すぎまで子どもらしい姿を楽しめます。プールがお気に入りで泳ぎまわっています。愛らしい成長を一緒に見守ってください」(担当キュレーター)

📷 水槽前のあらゆる場所から間近で撮影できます。親子の展示は開館から15:00頃、その後はモトモトの展示です(変動の可能性あり)

DATA ➡ P182

展示場 -- みずべにふれる

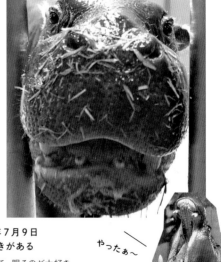

ミニカバ
モトモト
- - - - - - - - - -

性別	オス
誕生	2013年7月9日
性格	落ち着きがある

まったりとしていて、眠るのが大好きです。お母さんもですが7～8分は水中に潜っていられます。アニメ映画のカバのキャラクターが名前の由来です

やったぁ～

お誕生日に大量の食事をもらって大喜び

いしかわ動物園

「親子の3頭を飼育・展示しています。カバと違い全体的に丸っこい体型。大人になっても、やはり丸みのある体型のままです」
（飼育員：小倉 康武さん）

 日中は寝ていることが多いので、朝、出てきたときか15:00頃、室内に帰るときが狙い目。室内はガラス張りなので写り込みに注意

DATA ➡ P180

展示場 -- カバの池

コビトカバ

ノゾミ（親）／ヤスコ（子）

性別	メス
誕生	2011年11月23日／2021年3月26日
性格	愛情深い／人なつっこい

"ヤスコ"は、その性格もあってか体重計にも自ら乗ってくれます。おかげで毎日体重を記録中。母親の愛情の深さにも注目です

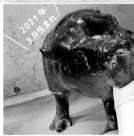
2021年3月生まれ

いたずら好きなので飼育員さんの靴をかんだりします

展示場内を走り回る、プールに勢いよく飛び込む、深く積もった雪の中を豪快に突き進むなど毎日元気いっぱいに過ごしています

旭川市旭山動物園

「親子3頭を飼育・展示しています。陸ではのんびりしていますが、浮力が生じる水中ではまるで飛び跳ねるように軽快に動きます」
（飼育スタッフ：佐橋 智宏さん）

 かば館の地下にある大きなガラス窓から撮ってみてください。水中に潜っているカバがおすすめ。連写か動画でおさえるのも◎

DATA ➡ P164

展示場 -- かば館

カバ

旭子（母）／凪子（子）

性別	メス
誕生	2012年9月30日／2020年1月16日
性格	落ち着いている／活発

Zoom

旭山動物園でカバの繁殖に成功したのは27年ぶり。親子カバの動画を公式SNSアカウントに、多数アップしています

ウォンバット

#日本で #2カ所だけ #コアラと #親戚

歯は一生伸び続けて丈夫
ウォンバットの歯は無根歯。つまり、人間と違い、一生伸び続ける歯なんです。これは、セイウチなども同じタイプ。しかも、歯がとても丈夫で、茎や樹皮といった硬いものも簡単に食べます。

有袋類を代表する動物といえばコアラですが、その親戚といえるウォンバットをご存じでしょうか。コアラの親戚というのは、コアラと同じように袋がうしろについているから。ウォンバットの姿は「ずんぐりむっくり」という言葉がピッタリ。この容姿で歩き回る様子にハマる人も多いはずです。

日本で展示しているのは長野市茶臼山動物園と池田市立五月山動物園の2カ所。1990年にローンセストン市から池田市へ、1995年にシドニー市のタロンガ動物園から長野市へ。ともにオーストラリアの都市との縁でウォンバットがやって来ました。五月山動物園には、展示場の様子をリアル配信する『ウォンバットてれび』があります。

穴が好き

池田市立五月山動物園のウォンバット"ワイン"です

巣穴を掘って
お尻でフタ!?
ウォンバットは、暑さ寒さに弱いのと外敵から身を守るため、巣穴を掘ります。そして地上で襲われたときは、頭から巣穴に入りお尻でフタをして身を守ります。

とうもろこし
好き

キューブ状の
フンの理由
ウォンバットのフンはキューブ状です。これは繊維の多いエサを食べて腸内運動により四角く成型。それを岩の上などの目立つところに残して、縄張りの印としています。

爪の色が白で"モモコ"よりも
顔が少し四角いです

/////////////////////////

ウォレス
- - - - - - - -
[性別] オス
[誕生] 1996年9月
[性格] 粘り強い

丸太の中がお気に入り。"モモコ"に木の枝をプレゼントしようとしますが、近づくと威嚇されます。それでもめげずに、がんばります

長野市
茶臼山動物園

2頭を展示。「歩くぬいぐるみ、といわれるくらい、動いている姿がとてもかわいいです。ずんぐりむっくりのまん丸ボディが内股で歩く姿は必見。暑さと寒さは苦手で、暑い日は自分の掘った穴で寝ています」(飼育員：樽井 奈々子さん)

🔘 昼間は寝ていることが多いですが、15：00以降であれば動いていることも。なるべく同じ目線で撮影すると、よりかわいく撮れます

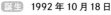 DATA → P179

展示場 -- ウォンバット舎

モモコ
- - - - - - - -
[性別] メス
[誕生] 1992年10月18日
[性格] 甘え上手

日本にいるウォンバットの中で1番高齢のメスですが、いまだに甘えん坊で、担当者の膝の上に乗るのが大好きです

ANIMAL DATA	
【学名】	
Vombatus ursinus	
【分類】	
双前歯目 ウォンバット科	
ウォンバット属	
【生息地】オーストラリア	
【好物】草、木の根など	
【寿命】5〜15年	
(飼育下では15〜25年)	
【サイズ】	
体長約90〜115cm	
体重約20〜40kg	

ハナの上に注目！

フク
- - - - - -
(性別) **オス**
(誕生) **2004 年**
(性格) **気は強い**

気が強いのですが少し寂しがり屋です。穴掘りは苦手。鼻の上がハゲているので見分けやすいです

ワイン
- - - - - - -
(性別) **オス**
(誕生) **1989 年 1 月**
(性格) **歳はとっても食欲旺盛**

隣にいる"ユキ"が大好きで、いつも気にかけています。人間でいうと 100 歳を超えるおじいちゃんの年齢ですが食欲は衰えません

Zoom
世界最高齢のウォンバットは"ワイン"のひとつ上。2021 年現在で 32 歳ですが、若いウォンバットたちに負けず元気に過ごしています

池田市立 五月山動物園

4 頭がいます。「ずんぐりむっくりなカラダつきですが、意外と俊敏で、放飼場をトコトコと走り回っています。個体ごとに性格が違うので、距離感・エサの大きさ・切り方などに気をつけています」
(副園長：遠藤 太貴さん)

📷 公式サイトの『ウォンバットてれび』に展示場の動画があるのでチェックしましょう。屋外の展示場に出ているときがチャンスです

DATA → P183

展示場 -- ウォンバット舎

一番小さい

コウ
- - - - - -
(性別) **オス**
(誕生) **2016 年 1 月**
(性格) **好奇心旺盛**

4 頭の中では一番活発で、日中でも外に出ていることが多くあります。暑い日は飼育員に水をかけられて気持ちよさそうにしています

ユキ
- - - - - -
(性別) **メス**
(誕生) **2016 年 1 月**
(性格) **自由気まま**

右前肢が白いのと大きなお尻が特徴。かまってほしいとき、飼育員が通るとき、少しだけカラダをこすりつけてアピールします

右前肢が白いよ

オカピ

#キレイ #森の貴婦人 #キリンの仲間

世界三大珍獣のひとつ

世界三大珍獣とは、ジャイアントパンダ、ミニカバ（コビトカバ）、そしてオカピのことをいいます。3種とも日本の動物園で見ることができます。ちなみに東京都恩賜上野動物園では3種すべてを見ることができます。

お尻はシマウマ、でもキリン!?

お尻の美しい縞模様が特徴的でシマウマに似ていますが、オカピはキリン科の動物で、その長い舌と皮膚に覆われたツノを見ると、キリンとの類似点に気づきます。キリンの先祖に近い動物のようです。

動画で CHECK

横浜市立金沢動物園のオカピ "キィアンガ"

写真提供：横浜市立金沢動物園

ANIMAL DATA

【学名】
Okapia johnstoni

【分類】
偶蹄目 キリン科 オカピ属

【生息地】コンゴ民主共和国

【好物】木の葉など

【寿命】
飼育下で約 20 〜 30 年

【サイズ】
高さ約 1.5 〜 2 m
体重約 200 〜 300kg

オカピという動物が日本で知られるようになったのは、1999年、よこはま動物園ズーラシアが開園したときでした。ズーラシアのシンボルとして登場したオカピは、シマウマのようでキリンにも似ている不思議な動物でした。その後、ズーラシアはオカピの人気とともに発展しました。オカピは現在、首都圏の動物園3カ所で展示しています。お尻の縞模様の美しさから写真は「見返りオカピ」が多くなります。まだまだ謎の多い動物なので、動物園でリアルなオカピを観察してみてください。

キィアンガ

- - - - - - - - - - -

性別	オス
誕生	1996 年 5 月 7 日
性格	穏やか

歳を重ねて性格が丸くなってきました。飼育員に耳かきしてもらったり、カラダをかいてもらうことが大好きです。夏は森でかくれんぼをしています

Zoom

日本で初めて飼育されたオカピです。子や孫が他園にいて、名実ともに日本のオカピ界の重鎮といえます。日本における、オカピの最高齢更新中!

横浜市立
金沢動物園

「美しいビロードのような皮膚と珍しい模様。森の緑がとても似合います。つぶらな瞳とフリフリしている短い尾、長い舌と魅力はいっぱい。国内最高齢の個体1頭を飼育・展示しています」
（飼育員：正木 美舟さん）

高いエリアにいるときはズームや向きを工夫すると、人工物が入らず森の中にいるような写真が撮れます。狙いはやはり見返りオカピ

DATA ➡ P175

展示場 -- アフリカ区

日本初飼育の個体

欠かせないネイルケア

オカピは 2 つに分かれたヒヅメを持っています。このヒヅメの管理は大事ですが、運動量が減ると自然に削れる程度では足りないため、ヤスリで削って整えます。"キィアンガ" も月に数回ネイルケアしています。

写真提供：
横浜市立金沢動物園

美しき
森の貴婦人

"ララ"の「見返りオカピ」ショット

~~~~~~~~~~~~~~~~~~~~~~~~~~~~~

よこはま動物園
ズーラシア

「光が当たるとワックスをつけているかのように光りますが、これは油の成分によるもので、雨が降ったときには水をはじいてカラダを濡らしにくくする効果があるようです。現在飼育しているのは3頭です」
（飼育展示係：森田 菜摘さん）

📷 屋外展示場の柵の近くで撮ると、ワイヤーなどが写り込み全身がうまく撮れません。展示場の真ん中あたりにいるときがおすすめ

DATA → P174

展示場 -- アフリカの熱帯雨林

写真提供：よこはま動物園ズーラシア

ララ

小柄で顔も小さめなので、大きな耳が際立ちます。母親が眠りながら出産したため、スワヒリ語で「眠る」の意味の"ララ"と命名されました

性別 メス
誕生 2014年12月10日
性格 人見知りでちょっと臆病

ホダーリ

性別 オス
誕生 2001年6月21日
性格 歳を重ねおっとり

鼻先が白いのが特徴。若い頃は木の壁に穴をあけるほど激しい一面もありましたが、最近は若いオスが威嚇しても静かに見守っています

日本では珍しいアニマル

日本で1カ所にしかいない動物、ぜひ見てみたいものです。そこで、2021年時点で、全国に1カ所にしかいないという希少アニマルをピックアップしました。

SNSでその幸せそうな笑顔が話題になった小さくてかわいいクオッカ、ギネスブックにも載っているというラーテル、ニュージーランドでは国鳥のキーウィ、ただ1頭だけかと思ったら実は日本に1頭だけというホワイトベルティッドギャロウェイ。どれも初めての名前が多いかもしれません。でも、珍しい動物を飼育・展示して、その生態を伝えることも、動物園のひとつの役目なのです。

クオッカ
ANIMAL DATA

【学名】*Setonix brachyurus*

【分類】カンガルー目
カンガルー科

【生息地】オーストラリア南西部

【好物】草、葉など

【寿命】約10年

【サイズ】
体長約40〜50cm
体重約2.7〜4.2kg

世界一幸せな動物！
カンガルー科で小さなカンガルーです。SNSでも話題になった笑顔（?）から「世界一幸せな動物」といわれています。ちなみに、笑顔のように見えるのは斜め下から見たときで、正面顔はキリッとしています。

動画で
CHECK

ピオニ

性別　メス
誕生　2020年8月25日（顔出し）
性格　少し強気

小さい頃はお母さん以外にも毛づくろいをしてもらったり、お腹の下で寝かせてもらったり甘え上手でした。今はすっかり大人に成長しました。

名古屋市
東山動植物園

「オス・メスのつがいで飼育しています。2頭とものんびりとしており、一緒に寝ていたりするので柔和な印象を受けると思います」
（ラーテル担当飼育員）

 動物舎が古い建物なので檻が強固で写真を撮るには難易度が高いかも。望遠レンズなどを使ってうまく檻を抜いて撮ってみてください

DATA ➡ P178

展示場 -- 動物園本園「食肉小獣舎」

写真提供：名古屋市東山動植物園

ラーテル
ANIMAL DATA

【学名】*Mellivora capensis*
【分類】
食肉目 イタチ科 ラーテル属
【生息地】
アフリカ大陸中南部など
【好物】小動物など
【寿命】野生で約7～8年、
飼育下で約24～26年
【サイズ】
体長約60～75cm
体重約7～13kg

撮らないで

世界一の怖い物知らず
小さいのに、ライオンやコブラなどに立ち向かっていくところから「世界一怖い物知らずの動物」としてギネスブックにも掲載。身の危険を感じるとスカンクのような悪臭を放ちます。

ザビー

性別　メス
来園　2005年4月16日
性格　いたって穏やか

檻にハチミツをぬると、よじ登って一心不乱にハチミツを舐めます。夏には、水が入った鍋を置いてあげると器用に水浴びをします

埼玉県こども
動物自然公園

「初めての動物だったので、わからないことばかりでした。とても神経質だったのですが、今はすっかり慣れて元気に過ごしています。放飼場を猛ダッシュする姿など必見です」（飼育係:寺内 あゆみさん）

下からの撮影は難しい環境なのでローアングル以外で。展示場の真ん中の小さな丘にいたら、どの角度からも見やすくておすすめです

DATA ➡ P169

展示場 -- 東園「クオッカアイランド」

ミモザ

性別　メス
誕生　2021年4月27日
　　　（顔出し）
性格　マイペース

写真は顔出しから3カ月の頃。どんどん成長しています。ただ、母親の"リコ"とのツーショットも、たまに見られます

普段は獣舎裏で生活していますが、屋外に出ると積極的にエサのミミズを探し、捕まえています。オスより小柄でクチバシが少しゆがんでいます

プクヌイ
- - - - - - - - -
性別　メス
誕生　1988年
　　　10月29日
性格　好奇心旺盛

ニュージーランドの国鳥

ニュージーランドのシンボルであり国鳥でもあるキーウィ(Kiwi)。ニュージーランドの都市やクラブのバッジなどに多く使われ、ラグビーのニュージーランド代表の愛称は「Kiwis(キウイズ)」です。

天王寺動物園

「オス・メスの2羽を飼育・展示しています。体重が減る時期は、園内で捕まえたミミズをあげますが、食べている姿を見ると、がんばって探した甲斐があったなと感じます」
(飼育専門員：岩山 太郎さん)

 暗い屋内施設ですがフラッシュはNG。少し目を慣らしてから。左奥の水桶の横にいるか、右手前のシェルターにいることが多いです

DATA ➡ P182

展示場 -- 夜行性動物舎

キーウィ ANIMAL DATA

【学名】	*Apteryx australis*
【分類】	キーウィ目
	キーウィ科 キーウィ属
【生息地】	ニュージーランド
【好物】	昆虫、果実など
【寿命】	約20〜40年
【サイズ】	
体長約25〜45cm	
体重約2〜3kg	

マザー牧場

「飼育員が近づくと『ごはんは?』という顔で、じっと見つめてアピールしてくるほどの食いしん坊です。その顔がかわいいです」
(飼育員：幸松 つかささん)

 出会えるのは「マザーファームツアーDX」1600円(入場料別)のみ。走行しているトラクターの席からになるので見逃さないように注意

DATA ➡ P172

展示場 --
マザーファームツアーのコース内

ホワイトベルティッド ギャロウェイ ANIMAL DATA

【学名】	*Bos taurus*
【分類】	鯨偶蹄目 ウシ科
	ウシ属
【生息地】	スコットランド原産
【好物】	草など
【寿命】	不明
【サイズ】	高さ約2m
体重約450〜1000kg	

お腹の白いベルトから命名

長い名前ですが「ホワイト」は白い部分、「ベルティッド」はベルト状になっている、「ギャロウェイ」はスコットランド南西部の地域の名称です。伝統的なスコットランドの品種です。

海外では肉用として飼育されている種類ですが、マザー牧場では、太らせず、長生きしてくれるように飼育しています

PART 5

#小動物#小さくて#かわいい

動物園に必ずいる愛らしい小動物。
サイズは小さくても、キュートな表情や
かわいい動きによる癒し効果は絶大です。

掛川花鳥園のアフリカオオコノハズク
"ココ"の小さい頃

フクロウとヨタカ

動画で
CHECK

人になつくのは珍しい

フクロウは通常、人になつくことはあまりないのですが、このアフリカオオコノハズクはなつく場合もあるそうです。危険を感じたとき、驚くほど細くなるのも特徴です。

フクロウにはかなりの種類があります。名前にフクロウとつくものやコノハズクとつくもの、ミミズクとつくものもあります。

カラダが超細身になるオオコノハズクはＳＮＳでも話題になりました。メンフクロウとシロフクロウは、その見た目や動きからファンも多数。エゾフクロウとアナホリフクロウも人気です。加えて、フクロウとよく間違われるヨタカ。

フクロウは脚を使って狩りをするフクロウに対して、ヨタカはクチバシで狩りをするという違いがあります。動物園で人気の種類を紹介します。

アフリカ オオコノハズク ANIMAL DATA

【学名】*Ptilopsis leucotis*
【分類】フクロウ目
フクロウ科 コノハズク属
【生息地】アフリカ大陸の
サハラ砂漠以南
【好物】昆虫など
【寿命】約10〜15年
【サイズ】
体長約20〜25cm
体重約200g

掛川花鳥園

7羽を展示。「変身するフクロウとして一躍有名になりました。危険を感じたときは思いっ切り細くなってしまいます」
（バードスタッフ：副島 慎介さん）

「フクロウを乗せてみよう」（別料金200円）に出演しているので腕に乗せて一緒に。ほとんど動かないのでいいショットが撮れます

DATA → P177

展示場 -- わくわくイベント広場

"ココ"は成長して、現在20cmくらいです

変身します

ココ

性別　オス
誕生　2008年
性格　マイペース

スタッフが持った掃除道具が怖いようで、掃除をしていると少し細くなっています

那須サファリパーク

3羽を展示。「近くにメンフクロウなどが並んでいます。大きさや羽、目の色など、同じフクロウですが、見比べてみてください」
（飼育員：山内 幸樹さん

展示場の上のほうでじっとしていることが多いので撮りやすいです。スマホを金網に近づけると、金網が写らずにキレイに撮影できます

DATA → P168

展示場 -- サファリウォーク

インドコキンメフクロウ
ANIMAL DATA

【学名】*Athene brama*
【分類】フクロウ目 フクロウ科 コキンメフクロウ属
【生息地】インド、東南アジアなど
【好物】昆虫など
【寿命】約10〜15年
【サイズ】
体長約20〜25cm
体重約110〜150g

サフラン／

ローリエ／

ナツメグ（奥から）

性別　ローリエはメス、ほかはオス
来園　2019年10月25日
性格　ローリエはインドア派、ほかはアウトドア派

動きがまるでダンサー!?
こちらの様子をうかがうとき、ユニークな上下運動をします。これは警戒しているのですが、写真の3羽はおもしろく、ヒップホップダンスのような動きに見えます。

以前はローリエはナツメグとのペアが多かったのですが、サフランに略奪（?）され、最近サフランとローリエのペアが多めです

松江 フォーゲルパーク

全6羽を飼育。「カラダ全体を覆うふわふわの羽が魅力です。手乗せ体験もできます。漂うような飛び方をフクロウショーでどうぞ」
（飼育員：鳥谷 夕貴さん）

📷 ショーでは輪くぐりの出口のほうから狙いましょう。展示室ではガラス面にピッタリくっつけて、寄り添っているシーンなどを

DATA ➡ P186

展示場 -- ふくろう展示室

しん

性別 オス
誕生 2008年5月8日
性格 アピール上手

フクロウショーで輪くぐりを担当。ショー歴10年以上のベテランです。エサちょ〜だいの「餌鳴き」の声がとっても大きいんです

写真は威嚇していますが、本当はおとなしく、一番小さな"ラック"にケンカで負けることもあります

威嚇

ルーイ

性別 不明
誕生 2021年1月
性格 控えめでおとなしい

メンフクロウ ANIMAL DATA	
【学名】*Tyto alba*	
【分類】フクロウ目 メンフクロウ科 メンフクロウ属	
【生息地】	
南極以外の全大陸	
【好物】ネズミ、小鳥など	
【寿命】約10〜15年	
【サイズ】	
体長約30〜45cm	
体重約250〜600g	

周南市徳山動物園

1羽を展示。「止まり台で動かないことが多いので置き物だと思われてしまいます。目や首が動くのでじっと観察してみてください」
（飼育員：轉 裕美さん）

📷 台上にいるので下からカメラを構え見上げる状態で撮影するのがおすすめ。背中を向けていても頭だけグルンと回すこともあります

DATA ➡ P188

展示場 -- 南園入園ゲート付近

アイ

性別 メス
誕生 2016年7月1日
性格 甘えん坊

オスだと思われていたのですが、卵を産んだためメスであることが判明。卵を見つめているこの写真はSNSで話題となりました

一夫一妻制で仲よし

お面のような顔が印象的なメンフクロウですが、基本的には一夫一妻制で、相手が死なない限り一生添い遂げるそうです。

メスだったのね

144

よこはま動物園
ズーラシア

「展示は1羽です。これまでにいた シロフクロウに比べて食いしん坊 です。ズーラシアではシロフクロウ は冬だけの展示です」
（飼育展示係：中川 寛大さん）

 笑顔に見える細めの表情が見られたらシャッターチャンス。首が回転する瞬間をおさえたいなら、動画で撮影するのもおすすめです

DATA → P174
展示場 -- 亜寒帯の森

写真提供：よこはま動物園ズーラシア

スマイル◎

ユキ
- - - - -
性別　メス
誕生　2017年5月21日
性格　なごみ系

止まり木があるのに、なぜか床の隅 にいたり水飲み場の中にいたり、少 し不思議な面もあり、どこか憎めな いかわいらしさがあります

> シロフクロウ
> ANIMAL DATA
> 【学名】Bubo scandiacus
> 【分類】フクロウ目 フクロウ科 ワシミミズク属
> 【生息地】北極圏、亜寒帯など
> 【好物】小型ネズミ類など
> 【寿命】約10〜25年
> 【サイズ】体長約50〜65cm 体重約1.3〜2kg

須坂市動物園

2羽を展示しています。「表情が豊 かで、細目でじーっと何かを見て いたり、目を見開いて威嚇したり、 変な顔をしていることもあります。 オスの"ムース"は白くて雪だるま のようです」
（飼育技術員：笹島 優里華さん）

 1mくらい距離があるので、目 線の高さに来たときがうまく撮 れると思います。"チップ"は下のほう にいることが多いです

DATA → P179
展示場 -- シロフクロウ舎

チップ
- - - - - - -
性別　メス
誕生　2011年6月
性格　警戒心が強い

羽にしま模様があります。怒りんぼな ので、飼育員が入ってくると「シャーッ」 と威嚇したり、クチバシを「カッ、カッ」 と鳴らします

> 首が270度回る!!
> フクロウ全般、正面から左右 へそれぞれ270度、首を回せ ます。頸椎の骨が多いため首を 柔軟に動かせるのです。

怒りんぼ のチップ

那須どうぶつ王国

2羽を展示しています。「クチバシがガマグチのように大きいことが名前の由来です。あくびなどで口を開けるときに、その大きさをよく観察してみてください」
（飼育員：二川原 美帆さん）

📷 正面からの撮影がおすすめ。1日の中でも、寝ていたり擬態していたり、いろいろな姿をしています。何度か来てチェックしてください

DATA → P168

展示場 -- 熱帯の森

怖いと木に擬態する

怖かったり隠れるときは、見事に木に擬態します（右写真）。動きも完全に静止するので、見つけるのは至難の業です。

木かと
思った

よっちゃん(左)／まんじゅう(右)

性別	オス／メス
来園	2021年5月17日／2020年2月24日
性格	水浴び好き／おとなしい

擬態していると担当者でも探すのが難しいとか。逆にリラックスしているときはモワッとしてかわいく、そのギャップが魅力です

オーストラリアガマグチヨタカ
ANIMAL DATA

【学名】	*Podargus strigoides*
【分類】	ヨタカ目 オーストラリアガマグチ
	ヨタカ科 オーストラリアガマグチヨタカ属
【生息地】	オーストラリア、ニューギニアなど
【好物】	昆虫など
【寿命】	約10～15年
【サイズ】	体長約30～45cm
体重約250～600g	

神戸どうぶつ王国

2羽を展示。「基本的にはリラックスして休んでいますが、警戒すると木の枝のように身を細めますので、その変化をご覧ください」
（飼育スタッフ：小村 潤さん）

📷 目を閉じて寝ていることが多いのですが、まれにあくびをすることがあります。口を大きくぱかっと開けた姿に出会えればラッキー

DATA → P184

展示場 -- 熱帯の森

がまちゃん

性別	オス
誕生	2014年
性格	臆病（人以外）

スタッフの手に乗ることができますが、ほかの鳥は苦手なようで、距離が近いと目を見開き、驚いたようにじっと相手を見つめます

146

/////////////////////////////

おびひろ動物園

3羽を展示しています。ハートのような顔が印象的。「大きなクリクリした黒目や、エサを食べているときの仕草が魅力的です」
（飼育展示係：野田 紗世さん）

📷 タイミングがあえば、エサを食べているシーンがおすすめです。ときどき園内を散歩するので間近で撮影することができるかも

DATA → P164

展示場 -- ワシタカ舎／狐狸舎

まろ

性別 メス
来園 2018年6月7日
性格 あまり物怖じしない

体色は白っぽくて整った顔をしていますが、やんちゃです。飼育員が作業中、頭の上に乗るときがあります。20分乗っていたことも

エゾフクロウ ANIMAL DATA

【学名】*Strix uralensis japonica*
【分類】フクロウ目 フクロウ科 フクロウ属
【生息地】北海道
【好物】ネズミ、小鳥など
【寿命】約20年
【サイズ】体長約50cm 体重約500〜1000g

北海道の守護神
古くから「北海道の守り神」といわれているエゾフクロウは、顔がハート型で性格も温厚。じっとしていると木にまぎれてしまいます。

/////////////////////////////

ニフレル

2羽を展示。「うごきにふれるゾーンで一番小さな生きもので、寝顔は一番かわいいです。展示エリアに大量の土が落ちているときは、巣穴を掘ったあとです」
（キュレーター）

📷 植物の巣穴近くや頭上の木の上などを探してみてください。あとは、トイレマークの上。この場所がお気に入りで、よく休んでいます

DATA → P182

展示場 -- うごきにふれる

アナホリフクロウ ANIMAL DATA

【学名】*Athene cunicularia*
【分類】フクロウ目 フクロウ科 コキンメフクロウ属
【生息地】北・南アメリカ大陸など
【好物】昆虫など
【寿命】約10〜15年
【サイズ】体長約20〜30cm 体重約150〜250g

キヌ

性別 オス
誕生 2013年7月13日
性格 パワフル

目力があります。巣穴を掘って土を飛ばした距離は1m以上、巣穴自体の長さも1m以上。体長は20〜30cmなのにスゴイのひと言です

ココがお気に入り

穴を掘るために足長
ほかのフクロウに比べて足が長いのが特徴。これはアナホリの名前どおり、巣穴を掘るための長い足です。

須坂市動物園のプレーリードッグの赤ちゃん

プレーリードッグとミーアキャット

#立ち姿 #キュート #草食系と雑食系 #犬と猫？

動画で
CHECK

オグロプレーリードッグ
ANIMAL DATA

【学名】*Cynomys ludovicianus*

【分類】ネズミ目　リス科
プレーリードッグ属

【生息地】カナダ南西部からメキシコ北部

【好物】種子、芽など

【寿命】野生で約2～4年、
飼育下で約7～8年

【サイズ】体長約30～40cm
体重約1.5kg

鳴き声が dog の由来

天敵が近づいてくると「キャンキャン」という鳴き声で仲間に知らせることから「Prairie ＝プレーリー＝草原」「dog ＝ドッグ＝犬」という名前になったといわれています。

立ち上がったポーズがかわいいプレーリードッグとミーアキャット。プレーリードッグの推しポーズは、手にエサを持って、立った状態でモグモグ食べている姿。対してミーアキャットは、立ち上がって周囲を見渡している様子でしょう。どちらも群れで生活するところや、かなり深くて複雑な巣穴を掘るところなどは似ていますが、草食か雑食かや、食事の仕方などの違いもあります。

日本の動物園ではプレーリードッグを30カ所以上で展示しています。そのほとんどがオグロプレーリードッグで、種類としてはオジロプレーリードッグもいるのですが、日本での展示はないようです。ミーアキャットが見られる動物園も40カ所以上あります。

148

群れのリーダーは母親

群れは非常に社会性があり子育ても群れ全体で行います。出産するのは、通常リーダーの母親だけです。群れは、全体で狩りチームと子育てチームに分かれ、シフト制のように交替しているようです。

羽村市動物公園のミーアキャット。2頭とも美形です

ミーアキャット ANIMAL DATA

【学名】*Suricata suricatta*
【分類】食肉目 マングース科
スリカータ属
【生息地】アフリカ南部など
【好物】
昆虫、クモ、サソリなど
【寿命】野生で約10年、飼育
下で約12〜14年
【サイズ】
体長約20〜30cm
体重約600〜1000kg

プレーリードッグとミーアキャット

似ているところ		違うところ		
巣穴を掘る。どちらもかなり深い	プ レ ー リ ー ド ッ グ	リスの仲間	ミ ー ア キ ャ ッ ト	マングースの仲間
立つポーズがかわいい。目的は見張り		草食		雑食
群れで暮らしている。基本は家族で		エサを手に持って食べる		エサを押さえて かみちぎって食べる

江戸川区
自然動物園

「エサを食べるとき、口元が本当に
かわいらしく、口いっぱいに頬張
る姿や、お尻を地面につけて座り
ながら食べる様子など、魅力が満
載です」（飼育員：伊東 香奈さん）

柵の前にしゃがむと同じ目線に
なれるので、柵のまわりでしゃ
がんでの撮影がおすすめです。穴から
顔を出すところを狙って

DATA ➡ P172

展示場 -- プレーリードッグ展示場

オグロ
プレーリードッグ

掃除のときなどに長
靴をかじりに来る個
体もいます。エサは
サツマイモが大好き

仲間と遊んだり、ハグしたりしています

須坂市動物園

10 数頭を展示しています。「集団
で生活するので、みんなで一緒に
寝たり食べたりしている姿がとても
かわいいです。見た目に大きな差
がないので、ケガをした個体を探
すときは少し苦労します」
（飼育技術員：徳竹 優華さん）

透明なアクリル板で正面からも
撮りやすいです。トンネルを通っ
てこちら側に来たときは、一番近づい
て撮れるチャンス

DATA ➡ P179

展示場 -- プレーリードッグ舎

オグロ
プレーリードッグ

ニック

- - - - - - - -
性別 オス
誕生 2016 年
　　　 4 月 30 日
性格 人なつっこい

朝、エサをあげる前
の掃除のときから近
寄って来て待ってい
ます。食べていると
きは集中しているの
でさわってもおかま
いなしです

150

高知県立
のいち動物公園

9頭を展示。「巣穴を自分たちで掘り、崩れないように鼻を使って土を押し固めます。そのため鼻が砂で汚れている個体もいます」
（飼育員：林 紗詠子さん）

13:00過ぎ頃の給餌時間が狙い目。また、ドーム型の穴があるので、ドームに寄りかかっている個体とのツーショットが撮れるかも

DATA → P188

展示場 -- こども動物園

モグモグ

モグモグ

プレーリードッグ

エサを食べるとき、立った状態になり、両手を使ってエサを持って食べます。この姿がプレーリードッグが一番かわいい瞬間かも

Zoom

プレーリードッグの前歯は一生伸び続けます。そのため、モノをかじることで調整しているようです

名古屋市
東山動植物園

5頭を展示。「習性で穴を掘りますが、穴の中は掃除ができず、日本の湿気だとカビが発生してしまうため、飼育員がせっせと埋めています。また掘るんですけどね…」
（プレーリードッグ担当飼育員）

ガラス越しになるのでレンズをガラス面にくっつけての撮影がベター。大きな音を出すと穴にもぐってしまうので、そっと近づいて

DATA → P178

展示場 --
動物園北園「プレーリードッグ舎」

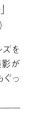

手がハートマーク♥

オグロプレーリードッグ

口と口でキスをしたり、抱き合ったりすることで挨拶をかわします。そんなコミュニケーションは、とても微笑ましい光景です

写真提供：
名古屋市東山動植物園

おとなしく乗ってます

羽村市動物公園

10数頭を展示しています。「群れが多いのでエサは小さくカットし、まんべんなく全員が食べられるようにしています。冬になると、おしくらまんじゅうのようにカラダを寄せ合っている姿も見られます」
（飼育員：吉村 由佳さん）

天気のいい日に正面から撮影するのがおすすめです。群れのみんなで、お腹を太陽に向け日光浴している様子が絵になります

DATA → P173

展示場 -- プレーリードッグ舎

ミーアキャット
つみれ／がんも など

- **性別** メス／オス
- **誕生** 2020年9月23日
- **性格** やんちゃで好奇心旺盛

小さい頃、おとなしく体重計に乗っている写真です。まだまだ甘えん坊で、不安なことがあると兄姉や両親にくっついています

特技は、穴掘り、ダッシュ、プロレスごっこ（？）です

ときわ動物園

3頭を展示。「野生のミーアキャットは敵から身を守ったり、見張りをしたり、逃げ込むための穴を掘ったりしています。当園でも、似たような行動を見学できるので注目してみてください」（飼育員：田村さん）

展示場の正面から、うしろにいるパタスモンキーと一緒に撮ってください。動物園ならではの、ゆる〜い寝姿もおすすめです

DATA → P187

展示場 -- アフリカの丘陵
・マダガスカルゾーン

名前はマンガから

ミーアキャット
ナギエ

この見張りをする行動が、まさにミーアキャットです

- **性別** メス
- **誕生** 2015年5月23日
- **性格** 少し臆病だがときに大胆

2頭のお母さんで、子育て時には授乳中にそのまま展示場に出てしまう、肝っ玉母さんぶりを発揮。ときに大胆な寝姿が見られます

よこはま動物園ズーラシア

「9頭の群れが2グループあります。群れのリーダーは母親で、子育ては群れ全体で行います。そんな仲間同士のコミュニケーションを観察してみてください。群れの関係性の変化には注意しています」（飼育展示係：鈴木 由紀子さん）

 見張りの立ち姿、巣穴を掘る、日光浴など、シャッターチャンスは満載です。じっくり観察して、撮影してください

DATA ➡ P174

展示場 -- アフリカのサバンナ

ある日の朝一番の日向ぼっこの風景です。ナイスショット

ミーアキャット
ミチル

性別　メス
誕生　2012年6月21日
性格　心が広いリーダー

群れのリーダー。普通、リーダー以外の出産は認めないのですか、別のメスが出産しても容認しています。群れの仲間たちとは仲よし

写真提供：よこはま動物園ズーラシア

伊豆シャボテン動物公園

20頭を展示しています。「立ち姿はもちろん、休むときに全部の足を伸ばして地面にペターンと伸びている姿もかわいいです」（動物飼育員：加藤 貴士さん）

 日光浴の様子なら、ボートに乗るか虹の広場横に行き、正面から撮るのがおすすめ。エサがほしくて見上げる姿を上から撮るのも◎

DATA ➡ P176

展示場 -- アニマルボート噴火湖沿い・カピバラ虹の広場横

ジーッ

ミーアキャット
上：2021年3月上旬に六つ子が生まれました。一番かわいい頃の写真です。どんどん大きくなります
左：何かを見張っているミーアキャットです

那須どうぶつ王国のアメリカビーバー
"ビボ"

#水族館でも#見かける#水かき仲間

ビーバーとカワウソ

こんにちは

丈夫な歯が自慢！木を倒してしまうほど

ビーバー最大の特徴である歯は、鉄分を含んでおり硬くて極めて丈夫。木をかじって倒すほどの威力があります。木の枝や石などで流れを止めてダムをつくり家族で暮らしています。

動画で
CHECK

オールのような尾と後ろ足に水かきあり

平べったくて大きな尾もビーバーの特徴のひとつ。まるで船のオールのような形で、上下に動かして泳いでいます。後肢には水かきがあり、これも泳ぐためのカラダといえるでしょう。

アメリカビーバー
ANIMAL DATA

【学名】*Castor fiber*
【分類】齧歯（げっし）目
ビーバー科　ビーバー属
【生息地】北アメリカ大陸
【好物】木の葉・皮、草など
【寿命】約 10 ～ 15 年
【サイズ】
体長約 75 ～ 90cm
尾長約 20 ～ 35cm
体重約 10 ～ 30kg

154

水族館にいる生きもののイメージが強いビーバーとカワウソですが、意外と動物園でも飼育されています。特にビーバーは、動物園で20カ所以上、水族館でわずか2カ所と、ほとんど動物園にいる動物です。カワウソも全部で60カ所くらいですが、動物園・水族館の割合は約半分です。

ビーバーはアメリカビーバーとヨーロッパビーバーがいますが、日本にはアメリカビーバーだけ。カワウソはコツメカワウソが多数で、ユーラシアカワウソは約10カ所です。どちらの動物も泳ぐのが得意なので、プールと岩場がある展示スタイルが一般的。ビーバーは丈夫な歯と小さな手でエサを食べる姿に注目。カワウソはかわいい顔で見つめる表情が印象的です。

神戸市立王子動物園の
コツメカワウソ"シシマル"

コツメカワウソとユーラシアカワウソの違い

コツメカワウソはツメが小さく、ユーラシアカワウソには立派なツメがあり、水かきも発達しています。ユーラシアカワウソは絶滅したとされるニホンカワウソに一番近い種類のカワウソです。

カワウソ
ANIMAL DATA

【学名】
Aonyx cinerea
（コツメカワウソ）
Lutra lutra
（ユーラシアカワウソ）
【分類】
食肉目 イタチ科 カワウソ属
【生息地】
アジアなど
【好物】魚、甲殻類など
【寿命】飼育下で 13 ～ 15 年
【サイズ】
頭から尾まで約 65 ～ 110cm
体重約 3 ～ 16kg

泳ぎが上手！
手には水かきがある

4つの肢には水かきがついています。だから泳ぐのは得意で、高速で泳ぎ回ります。短めの肢と細長い胴体は、水の抵抗を少なく泳ぐためといわれています。

アメリカビーバー

ピボ

- - - - -

(性別) オス
(来園) 2018 年 6 月 22 日
(性格) のんびり屋さん

那須どうぶつ王国

8 頭を展示。「エサを両手で持って食べる仕草がたまりません。水から上がった際に自分の手で水気を払っているときもかわいいです」
（飼育員：平池 優花さん）

📷 洞窟側からはエサを受け取る瞬間、園路側からは奥から泳いでくる姿を狙いましょう。追いかけずに 1 カ所で粘るほうがチャンス大

`DATA ➡ P168`

展示場 -- ビーバークリーク・
　　　　オオカミの丘

おいちい

にっこり笑顔（？）でリンゴを食べる姿が SNS で「かわいい〜〜」と話題になりました。泳ぐより自然と流されるのがお好み

東武動物公園

2 頭を展示しています。「2 頭の仲よし夫婦をじっくり観察してください。泳ぐときも、お互いを追っかけている姿がほほえましいです」
（飼育係：小野寺 啓資さん）

📷 14:00 過ぎのエサやりのあとが、いい写真が撮れる可能性が高いです。展示場の右側は巣穴も見える好ポジションです

`DATA ➡ P170`

展示場 -- ほのぼのストリート

Zoom

"モカ" はちょっと前に SNS で人気になったニフレルで生まれた三つ子のうちの 1 頭。2020 年に東武動物公園に婿入りしました

アメリカビーバー

モカ

- - - - -

(性別) オス
(誕生) 2018 年 6 月 12 日
(性格) 順応力がある

一緒にいるメスの "チップ" は臆病で、エサを直接手から与えるのに 1 カ月かかりましたが "モカ" は最初から OK。人に慣れてます

神戸市立 王子動物園

1頭を展示。「鳴き声は多彩ですが、甘え鳴きが多く、午後のエサやりや夕方寝室に帰る前はよく鳴きます。聞いてみてください」
（飼育班長：坂本 健輔さん）

 コツメカワウソは泳ぎが得意です。展示場のプールでは水中も観察できるので、潜水していたらシャッターチャンス。連写か動画で

DATA → P184

展示場 -- 動物とこどもの国エリア

コツメカワウソ
シシマル

性別 オス
誕生 2012年6月12日
性格 甘えん坊で人なつっこい

暑いっす

とても賢いので、屋外放飼場にひとりにされないように、走って飼育員についてきます。最近、少しお腹まわりが太ったかも

よこはま動物園 ズーラシア

2頭を飼育。「カワウソが泳ぐたびに、毛に閉じこめられた空気が押し出され、キラキラとした水疱が後を追っていく瞬間は必見です」
（飼育展示係：伊藤 咲良さん）

 水中ビューから泳いでいる姿を。朝なら、岩陰に隠れたドジョウを探して捕まえる様子も見られるかも。動きが速いので連写か動画で

DATA → P174

展示場 -- 亜寒帯の森

魚とりが得意

ユーラシアカワウソ
ヒメ

性別 メス
誕生 2008年11月30日
性格 好奇心旺盛

顔まわりのヒゲが多くて長いのが特徴。日中は寝ていることが多いですが、気温が下がれば素早い泳ぎで魚をとる姿も見せてくれます

写真提供：
よこはま動物園ズーラシア

ほぼてのひらサイズの小動物たち

動画で
\CHECK/

てのひらに乗りそうなサイズの小動物は、愛おしくてかわいいものです。モルモットをはじめ、チンチラやハリネズミ、リスザル、鳥類ではカワセミなど、動物園で展示、あるいはふれあえる動物もたくさんいます。すべてが、さわれるわけではありませんが、ふれあい体験を実施しているところは多く、特にモルモットはその代表格です。那須ワールドモンキーパークではリスザルにエサをあげられます。ただし、コロナウイルス感染拡大防止のため、ふれあい体験を中止しているところもあります。公式サイトなどで事前に確認してから出かけましょう。

毛が長〜い

仕草のサインを知る

個体で差はありますが、うれしいときはカラダをひねってジャンプ、かまってほしいときはクイックイッと鳴いたり、怒ると口を大きく開けて歯をみせたり、サインがあるようです。

ファーファ

性別 メス
誕生 2019年3月30日
性格 おとなしそうで、ちょっとわがまま

ほかのモルモットよりも毛が長く、モップに見えることもあります。定期的に毛を切りますが、その様子は公式YouTubeにアップされています

/////////////////////////////

横浜市立
野毛山動物園

「部屋に出入りするとき、自分たちでトンネルを通って移動します。モルモットの大行列とかわいいお尻に注目して見てください」
（なかよし広場担当）

📷 上から観察できて撮りやすいです。冬はみんなで固まっている姿など、季節ごとに違った動きが見られるので、その違いもおさえましょう

DATA → P174

展示場 -- なかよし広場

展示場には約60個体いて、毛の色などもさまざまです

モルモット ANIMAL DATA

【学名】	*Cavia porcellus*
【分類】	げっ歯目 テンジクネズミ科 テンジクネズミ属
【生息地】	南アメリカなど
【好物】	牧草、野草など
【寿命】	約5〜7年
【サイズ】	体長約20〜40cm 体重約700〜1200g

/////////////////////////////

長崎バイオパーク

「ひとつの毛穴から50〜100本の毛が生えていてモフモフです。元々、寒く乾燥してるところにいるので温度調整に気を使っています」
（飼育員：山本 耀一朗さん）

📷 動物のすぐそばに接近できるので写真は撮りやすいです。チンチラと同じ目線か、それより下から撮影するとかわいく撮れます

DATA → P189

展示場 -- ペットのふれあい広場 PAW

チンチラ ANIMAL DATA

【学名】	*Chinchilla lanigera*
【分類】	ネズミ目 チンチラ科 チンチラ属
【生息地】	チリ
【好物】	草木、コケなど
【寿命】	野生で約5〜6年、飼育下で約15〜20年
【サイズ】	体長約25cm 体重約400〜600g

ひらなり(中央)

- - - - - - - - - - - - -

性別	オス
誕生	2019年2月25日
性格	食欲旺盛

平成最後の年に生まれたのが名前の由来です。少し食いしん坊で顔が丸いです

陽気で前向きな性格
チンチラは陽気で何事もあきらめない前向きな性格。何か決めたら、ずっとひとつのことに集中していることがよくあります。

乗って
ます

伊豆アニマルキングダム

「ハリネズミの丸まっている姿や歩いている様子がキュートです。ほかにもモルモットやアルマジロ、カピバラなどがいて大接近できます」
（広報企画担当：稲葉さん）

 間近で見ることができるので、接写にチャレンジしてください。カラダ全体や顔のアップなど、どのアングルも◎

DATA ➡ P176

展示場 -- わくわくふれあい広場

ヨツユビハリネズミ
ANIMAL DATA

【学名】	*Atelerix albiventris*
【分類】	真無盲腸目
	ハリネズミ科 ハリネズミ亜科
【生息地】	アフリカ中部
【好物】	昆虫、種子など
【寿命】	約2～5年
【サイズ】	体長約15～30cm
	体重約400～1100g

ハリは体毛が硬化した

ハリ（棘）でカラダが被われていますが、これは体毛が硬くなったもので、鋭いけれど弾力があります。でも刺さると痛いです。

福山市立動物園

「鳥類と草食動物を混合飼育しており、自然木や擬岩、消防ホースなど立体的に空間を利用。複数の動物で展示をシェアして使っています」
（学芸員：杜師 弘太さん）

 金網メッシュで囲まれた飼育ケージなので、柵を抜いて撮影ができるカメラが最適。消防ホースに止まっているシーンがおすすめです

DATA ➡ P186

展示場 -- 小動物ゾーン
「オーストラリアエリア」

大声で「ウハハハ」

人間が大声で笑っているような鳴き声のため、この名前がついています。てのひらサイズですが、カワセミのなかでは最大の大きさ。

ワライカワセミ
ANIMAL DATA

【学名】	*Dacelo novaeguineae*
【分類】	ブッポウソウ目
	カワセミ科 ワライカワセミ属
【生息地】	オーストラリアなど
【好物】	昆虫、ネズミなど
【寿命】	約15～20年
【サイズ】	体長約40～45cm
	体重約500g

那須ワールド
モンキーパーク

「数頭のリザルがふれあい広場で待っています。エサを食べるかわいい姿はもちろん、コミュニケーションをとる鳴き声にも注目」
（担当飼育員）

📷 誰かとふれあい広場の中に入って、エサをあげているところを撮影してもらうのが一番。カメラに向かってポーズしてくれることも

DATA ➡ P169

展示場 -- ふれあい広場

虫が大の好物

小型のサルで、果物もですが虫を好んで食べます。虫のキーホルダーなどをつけていると、リザルが興味を示すので危険かも。

オウカ

- - - - - - - - - -
性別　メス
誕生　2019 年 8 月 3 日
性格　イタズラ好き

大きくて少しつり目で、顔立ちは面長です。ヒトの頭に乗るのがマイブーム。当園生まれのリザルです

ボリビアリスザル ANIMAL DATA	
【学名】*Saimiri boliviensis*	
【分類】霊長目 オマキザル科	
リスザル属	
【生息地】	
南アメリカのボリビアなど	
【好物】果実、昆虫など	
【寿命】約 15 〜 20 年	
【サイズ】体長約 30cm	
体重約 1kg	

Zoom

ふれあい広場にエサを持って入ると、すごい勢いでリザルが肩や頭に乗ってきます。てのひらにエサを乗せてじっと待ちましょう

日本モンキー
センター

「森の中で、リザルたちがのびのびと動き回っています。虫を探して食べる姿や、群れの仲間で子育てする様子も見られます」
（飼育員：寺尾 由美子さん）

📷 リザルの島内に入れる時間があるので、その時間に入場して、木の上を動き回っているところや間近にいる様子を撮影しましょう

DATA ➡ P178

展示場 -- リザルの島

ハレルヤ(左)／ハズキ(右)
- -
性別　メス／オス
誕生　2021 年 5 月 30 日／ 2021 年 5 月 26 日
性格　2 頭とも好奇心旺盛で何ごとにも興味津々

どちらも、母親以外のメスからかわいがってもらうのが大好き。大きくなるにつれて若い個体とも遊ぶようになってきました

Column 3

呼び方からトレーニングまで
動物飼育の現場

動物たちを見守る飼育員さんの仕事とは？
飼育員さんの呼び方から仕事内容まで、
少し詳しく紹介します。

神戸市立王子動物園のジャイアントパンダ "旦旦" のハズバンダリートレーニングの風景

　飼育員さんにインタビューすると、例外なく動物が大好き、小さい頃からなりたかった、という人が多いです。資格が必要かというと、実は不要で、動物園や水族館について学べる大学や専門学校もありますが、直接施設の採用試験を受け、採用されてから経験を積むというスタイルが多いようです。

　飼育員さんの1日で重要なのが、動物たちの食事の準備。準備をして、食事をさせて、トレーニングをして、ガイド解説をして、また食事の準備をして…と、ほぼ休む暇なく働いています。ですが、動物と間近に向き合って、ふとした表情や仕草にふれると、大変なことも忘れてしまうほどの魅力が、この仕事にはあるようです。

　最近は「飼育員」「飼育係」「飼育スタッフ」といった呼び名のほかに、別の呼び方をする場合があります。例えば、ニフレルでは「キュレーター」。これは博物館の学芸員のような意味で、知識豊富でお客さんのいろんな質問にも答えます、という意味が込められています。新江ノ島水族館では、生物を飼育（Treat）しお客さんをもてなす（Treat）という意味の「トリーター」という独自の呼び方を使います。

　近年、飼育員さんが動物と対するときに、ハズバンダリートレーニング（通称・ハズトレ）を取り入れている施設が数多くあります。ハズトレでは、健康チェックのための採血や体温測定のために不可欠だった麻酔をやめて、トレーニングによって安全に健康管理を行います。実際の訓練では、ご褒美を与えることなどで、採血のための腕や尻尾を出したり、口を開けたり、寝転がったりという、してほしい行動を動物が自主的に行うように指導します。写真は、神戸市立王子動物園のジャイアントパンダ "旦旦" がハズトレを行う様子です（2016年頃の写真）。"旦旦" は、大好物のリンゴにより、口を開けたり、仰向けに寝たり、腕を出したりすることができました。ストレスを感じている様子もなく、なかなか楽しそうです。ハズトレも飼育員さんの大事な仕事のひとつといえるでしょう。

(PART 6)

全国動物園データ

本書で紹介した動物たちに会える施設情報を集めました。
新型コロナウイルスの感染状況に応じて、
各施設の営業時間やイベントの実施内容が変更になるため、
訪問前に必ず公式サイトの情報もご確認ください。

●北海道 旭川市

旭川市旭山動物園

あさひかわしあさひやまどうぶつえん

展示数
約100種
680点

右：ホッキョクグマのオブジェは旭川市出身の絵本作家あべ弘士さんのデザイン

左：園のほぼ中央にある「北海道産動物舎」。大きなバードケージの中ではオジロワシやオオワシたちが暮らしています

日本の「行動展示」のパイオニア

動物たちが本来生息している環境や習性を活かし〝動く動物〟にこだわった展示で、日本を代表する動物園に。夏期と冬期とで、動物たちの違った魅力が楽しめます。

☎0166-36-1104
🏠旭川市東旭川町倉沼
🚃【鉄道】JR 函館本線・宗谷本線・富良野線「旭川駅」東口から旭川電気軌道バス「旭山動物園」行きで約40分、終点下車すぐ【車】道央自動車道旭川北 IC から道道 37 号経由で約10km
💴入園料　1000 円
🕐4月下旬～10月中旬は 9:30 ～ 17:15（最終入園は 16:00）、11月中旬～4月上旬は 10:30 ～ 15:30（最終入園は 15:00）いずれも時期により変動あり
🈺4月中旬～下旬、10月下旬～11月上旬、12/30 ～ 1/1　🅿約 500 台（一部有料）

この本に登場する動物

ホッキョクグマ ››› P047
ニホンザル ››› P062
アビシニアコロブス ››› P098
ワオキツネザル ››› P103
マヌルネコ ››› P123
カバ ››› P131

公式サイトへ

●北海道 帯広市

おびひろ動物園

おびひろどうぶつえん

展示数
約65種
330点

ほのぼのとした昔ながらの動物園

帯広市の中心部に近い、緑ケ丘公園内にある動物園です。キリンやライオンなどの熱帯系動物の耐寒飼育法による飼育を日本ではじめて行った動物園としても有名です。北海道に生息している動物たちも見られます。

☎0155-24-2437
🏠帯広市字緑ヶ丘 2
🚃【鉄道】JR 根室本線「帯広駅」から十勝バス 70番系統「大空団地」行きで約15分「動物園前」下車、徒歩約 5 分【車】帯広広尾道帯広川西 IC から約9km
💴入園料　420 円
🕐9:00 ～ 16:30（季節により変動あり）
🈺12 ～ 2 月の月～金曜（祝日の場合は営業）、3月1日～4月末頃、12/29 ～ 1/3
🅿280 台

上：正門入口前の広場にある掲示板でその日の予定が確認できます　下：ゴマフアザラシの「カイ」と「モモ」は人気者です

この本に登場する動物

ホッキョクグマ ››› P046
エゾフクロウ ››› P147

公式サイトへ

●北海道 釧路市

釧路市動物園

くしろしどうぶつえん

展示数
約50種
350点

北海道の東端にある動物園

ホッキョクグマやレッサーパンダ、アムールトラなど人気動物のほか、「北海道ゾーン」には天然記念物のシマフクロウやタンチョウ、エゾクロテンなど北海道ならではの貴重な動物たちも飼育されています。季節ごとに楽しいイベントも開催されています。

上：敷地面積 47.8ha とゆったり。湿原を生かした木道散策路があります
左：シマフクロウ舎にいる「トカチ」と「ムム」。日本には北海道にしか生息しておらず約 165 羽しかいない絶滅危惧種です

☎0154-56-2121
㊐ 釧路市阿寒町下仁々志別 11
㊂【鉄道】JR 根室本線「釧路駅」から車で約 30 分
【車】道東自動車道阿寒 IC から約 8km
㊙ 入園料　580 円
㊐9:30 ～ 16:30（10 月中旬～ 4 月上旬は 10:00 ～ 15:30）
㊡12 ～ 2 月の水曜（祝日の場合は営業）
㊅295 台

公式サイトへ

この本に登場する動物

アルパカ ››› P043
トラ ››› P067

●北海道 登別市

のぼりべつクマ牧場

のぼりべつくまぼくじょう

展示数
1種
約70点

大迫力のエゾヒグマに会える

標高 560m の通称「クマ山」に約 70 頭のエゾヒグマたちが暮らしています。オスが暮らす「第 1 牧場」、メスがいる「第 2 牧場」と「子グマ牧場」があります。

上：牧場はロープウェイ「山麓駅」からすぐ目と鼻の先にあります
左：大きなからだでエサをおねだりするかわいい仕草が評判です。㊙ エサ 100 円

☎0143-84-2225
㊐ 登別市登別温泉町 224
㊂【鉄道】JR 室蘭本線「登別駅」から道南バス「登別温泉」行きで約 15 分、終点より徒歩約 5 分のロープウェイ「山麓駅」から約 7 分「山頂駅」下車すぐ
【車】道央自動車道登別東 IC から登別温泉経由でロープウェイ山麓駅前駐車場まで約 6km
㊙ 入園料　2650 円（ロープウェイの往復運賃はクマ牧場の入園料に含まれています）
㊐9:30 ～ 16:30（最終入園は 15:30）
㊡ 不定休
㊅ ロープウェイ山麓駅前駐車場 150 台（500 円）

公式サイトへ

この本に登場する動物

ヒグマ ››› P079

●秋田県 秋田市

秋田市大森山動物園 ～あきぎん オモリンの森～

あきたしおおもりやまどうぶつえん あきぎん おもりんのもり

解説やエサやり体験が人気

自然環境に恵まれた大森山公園のなかにある動物園。人気者のユキヒョウ「リヒト」や、レッサーパンダ、国の天然記念物イヌワシなどを飼育展示しています。「オモリン」は動物園のイメージキャラクターです。

左：「動物園エリア」と「公園エリア」の入園ゲート。無料で休憩できるスペースもあります
下：人気ナンバー１「どうぶつの園長」に選ばれたユキヒョウの「リヒト」

☎018-828-5508
🏠 秋田市浜田潟端 154
🚌【鉄道】JR 羽越本線「新屋駅」から秋田中央交通バス「大森山動物園」行きで約 8 分、終点下車すぐ
【車】秋田自動車道秋田中央 IC から約 15km
🎫 入園料　730 円
🕘9:00 ～ 16:30（最終入園は 16:00、季節により変動あり）
🈺1 ～ 2 月の平日、3/1 ～ 3 月第 3 金曜、12/1 ～ 12/31
🅿 約 500 台

公式サイトへ

この本に登場する動物

レッサーパンダ ››› P023

●福島県 二本松市

東北サファリパーク

とうほくさふぁりぱーく

白ライオンが暮らすサファリ

ホワイトライオンが 20 頭以上飼育されていることで有名。車でめぐるサファリエリアでは動物の息づかいが聞こえてきそうなほど大接近できます。入園料のみで見ることができる、いろいろな動物たちのパフォーマンスも実施しています。

右：マイカーで入園する場合は GPS 付きの音声ガイドが必要です 🎫500 円

☎0243-24-2336
🏠 二本松市沢松倉 1
🚌【鉄道】JR 東北本線二本松駅から車で約 20 分
【車】東北自動車道二本松 IC から県道 354 号経由で約 10km
🎫 入園料　2900 円
🕘9:00 ～ 16:30（土・日曜、祝日は～ 17:00、冬期は～ 16:00、最終入園は閉園 1 時間前）
🈺 不定休
🅿 500 台

上：草食動物ゾーンでは、近づいてくる動物たちに窓を開けてエサあげることもできます 🎫 一袋 1000 円

公式サイトへ

この本に登場する動物

ニホンザル ››› P061

●茨城県 日立市

日立市かみね動物園
ひたちしかみねどうぶつえん

展示数
約100種
540点

太平洋を望むロケーション

園内に入ると、2頭のアジアゾウがお出迎え。すぐ目の前にキリンなどの大型獣がやってくる迫力の「エサやり体験」や、小動物とふれあえる「ふれあい広場」もあります。

☎0294-22-5586
🏠 日立市宮田町 5-2-22
🚃【鉄道】JR 常磐線「日立駅」中央口バス停 2 番乗り場から茨城交通バスで約 10 分「神峰公園口」下車、徒歩約 3 分【車】常磐自動車道日立中央 IC から県道 36 号・国道 6 号線経由で約 4km
🎫 入園券 520 円
🕘9:00～17:00（最終入園 16:15）、11～2 月は～16:15（最終入園 15:30）
🚫12/31～1/1
🅿800 台

上：日立かみね公園内に位置する動物園。遊園地やレジャーランドも隣接し、園内から太平洋も一望できます

上：園内で一番の古株アジアゾウ。ミャンマー生まれの「ミネコ」と「スズコ」は園の看板娘です

公式サイトへ

この本に登場する動物
レッサーパンダ ››› P024
チンパンジー ››› P057

●栃木県 那須町

那須アルパカ牧場
なすあるぱかぼくじょう

展示数
3種
360点

右：入口の受付。少し歩くとアルパカたちが暮らしている牧場へ

大自然の中でモフモフの時間を

日本初のアルパカ専門牧場。那須連山麓の大自然の中に「こんなに…」というくらい多くのアルパカたちが暮らしています。モフモフの姿を眺めたり、お散歩したり、エサをあげたり、アルパカ三昧な時間が過ごせます。

☎0287-77-1197
🏠 那須町大島 1083
🚃【鉄道】JR 東北本線「黒磯駅」から車で約 40 分【車】東北自動車道白河 IC から国道 4 号、県道 68 号・305 号経由で約 12km。または那須高原スマート IC から県道 305 経由で約 11km
🎫 入場料 800 円
🕘10:00～16:00
🚫 木曜（祝日の場合は営業）、12/31～1/3
🅿300 台

上：6月頃には毛刈りをするので「アルパカ広場」ではモフモフではないアルパカたちにも出会えます

公式サイトへ

この本に登場する動物
アルパカ ››› P042

● 栃木県 那須町

那須サファリパーク

なすさふぁりぱーく

展示数
約70種
700点

サファリで動物たちに大接近

野生動物たちが放し飼いで暮らすサファリ
ゾーンにバスやサファリカー、マイカーで入場。
ライオンやトラなどの肉食動物の迫力や、キ
リンなどの大きさを間近で感じながら、見学
やエサやりを楽しめます。

☎0287-78-0838
🏠 那須町高久乙 3523
🚌【鉄道】JR 東北本線「黒磯駅」から東野交通バス
「那須ロープウェイ」「那須湯本」行きで約17分「サ
ファリパーク入口」下車徒歩約5分【車】東北自動車
道那須 IC から那須街道経由で約8km
💴 入園券　2800円
🕘9:00 〜 17:00（時期により変動あり）
🈺 木曜（時期により変動あり）
🅿350 台

上：サファリツアーの前半はライオンなどの猛獣が登場します
下：ゾウの背中に乗ってサファリゾーンをお散歩する「ゾウライド
サファリ」（別2000 円（別料金）は毎日開催

公式サイトへ

この本に登場する動物
インドコキンメフクロウ ››› P143

● 栃木県 那須町

那須どうぶつ王国

なすどうぶつおうこく

展示数
約150種
600点

下：王国への入口。
那須高原の北端に
位置しています

上：王国ファームでは「どうぶつ
のおやつ」を購入して、動物た
ちにあげることもできます

高原で暮らす動物とふれあえる

那須の大自然のなか、動物たちがのびのび
と暮らしています。牧場のような「王国ファー
ム」と、屋内施設が並ぶ「王国タウン」の2
エリアがあり、動物たちと大接近できます。

☎0287-77-1110
🏠 那須町大島 1042-1
🚌 JR 東北本線「白河駅」から車で約 30 分
【車】東北自動車道那須 IC から国道 4 号、県道 68・
305 号経由で約14km。または那須高原スマート IC
から県道 305 号経由で約12km
💴 入園券　2400 円
🕘10:00 〜 16:30（土・日曜、祝日・ゴールデンウィーク・
夏休みは 9:00 〜 17:00、12 月上旬〜 3 月上旬は〜
16:00）
🈺 水曜（祝日・ゴールデンウィーク・夏休みは除く）、
12 〜 2 月に冬期休園期間あり　🅿2000 台（有料）

この本に登場する動物
レッサーパンダ ››› P024
スナネコ ››› P034
カピバラ ››› P039
アルパカ ››› P041
ビントロング ››› P071
カンガルー ››› P073
ミナミコアリクイ ››› P113
マヌルネコ ››› P121
オーストラリアガマグチヨタカ ››› P146
ビーバー ››› P156

公式サイトへ

●栃木県 那須町

那須ワールドモンキーパーク

なすわーるどもんきーぱーく

展示数
約60種
500点

40種以上のサルに会えるパーク

サルにこだわった動物テーマパーク。「ふれあい広場」では、人なつっこいサルたちとふれあえます。稀少なサルや愛らしい子ザル、さらに「アニマルシアター」とお楽しみ満載。

☎0287-63-8855
🏠 那須町高久甲6146
🚌【鉄道】JR東北本線「黒磯駅」から関東バス那須湯本行きで約20分、「お菓子の城」で下車、無料送迎あり（※事前予約制）【車】東北自動車道那須ICから那須街道経由で約5km
🎫 入園券 2100円
🕐9:30～17:00（最終入園は16:30、季節により変動あり）
🈺 水曜（ゴールデンウィーク・夏休み・年末年始除く、季節により変動あり）
🅿350台

上：通称「モンパー」。入口は大きなゴリラが目印です
下：エリマキキツネザルは大きな声で鳴くのでちょっとビックリするかもしれませんが、なでてもらうのが大好きです

この本に登場する動物

ニホンザル ›››P061
シロクロエリマキキツネザル ›››P097
ワオキツネザル ›››P102
ボリビアリスザル ›››P161

公式サイトへ

●埼玉県 東松山市

埼玉県こども動物自然公園

さいたまけんこどもどうぶつしぜんこうえん

展示数
約190種
1700点

ペンギンたちにエサをあげられる「ペンギンのランチタイム」は1日2回実施しています 🎫1カップ300円

人気の動物たちが勢揃い

緑に囲まれたファミリー向けの動物園。コアラやレッサーパンダ、カピバラなど人気者も多数飼育されており、動物のエサやりなどふれあいや体験も充実しています。

☎0493-35-1234
🏠 東松山市岩殿554
🚌【鉄道】東武東上線「高坂駅」西口から川越観光バス「鳩山ニュータウン」行きで約5分、「こども動物自然公園」下車すぐ【車】関越自動車道鶴ヶ島ICから国道407号経由で約8km、または東松山ICから県道41号経由で約5km
🎫 入園料 700円
🕐9:30～17:00（11/15～1/31は～16:30、最終入園は閉園1時間前）
🈺 月曜（祝日の場合は営業）
🅿800台（1日600円）

この本に登場する動物

コアラ ›››P027
カピバラ ›››P038
キリン ›››P083
ナマケモノ ›››P115
マヌルネコ ›››P121
クオッカ ›››P139

公式サイトへ

● 埼玉県 宮代町

東武動物公園

とうぶどうぶつこうえん

展示数 約120種 1200点

独特な展示で体験＆ガイドも充実

動物園のほか、遊園地や夏のプールも人気のハイブリッド・レジャーランド。ホワイトタイガーやライオンなどの動物も、工夫された展示で楽しめ、動物と仲良くなれる「ふれあい動物の森」も人気。動物におやつをあげる体験や、ガイドも豊富に揃っています。

上：入口を抜けると正面にはカバの像が　下：「ふれあい動物の森」に暮らすアカカンガルー。くつろいでいる姿がかわいいです

☎0480-93-1200
⊕ 南埼玉郡宮代町須賀 110
🚃【鉄道】東武スカイツリーライン「東武動物公園駅」から徒歩約 10 分【車】東北自動車道久喜 IC から県道 65 号経由で約 10km
🎫入園料　1800 円
🕘9：30 ～ 17：30（季節により変動あり）
🈺1/1、1 月の火・水曜、2 月の火・水・木曜、6 月の水曜　🅿3000 台（1 日 1000 円）

この本に登場する動物

公式サイトへ

キリン ››› P083
ホワイトタイガー ››› P109
アフリカタテガミヤマアラシ ››› P117
ビーバー ››› P156

● 千葉県 千葉市

千葉市動物公園

ちばしどうぶつこうえん

展示数 約130種 1400点

注目＆人気アイドルが大集合

立ち上がっているポーズなどで有名になったレッサーパンダの"風太"など動物アイドルが多数。「草原ゾーン」「モンキーゾーン」「子ども動物園」など 8 ゾーンがあります。「ふれあい動物の里」では、エサやり体験や乗馬体験などができます。

上：動物園の入口。開業は昭和 60（1985）年
左：「京葉学院ライオン校」で暮らしているライオン。ときどき、猛々しい声を聞くことができます

☎043-252-1111
⊕ 千葉市若葉区源町 280
🚃【鉄道】千葉都市モノレール「動物公園駅」から徒歩約 1 分【車】京葉道路穴川 IC から国道 16 号経由で約 3km
🎫入園料　700 円
🕘9：30 ～ 16：30（最終入園は 16：00）
🈺水曜（祝日の場合は翌平日）、12/29 ～ 1/1
🅿1600 台（有料）

この本に登場する動物

公式サイトへ

レッサーパンダ ››› P020
ニホンザル ››› P063
ゴリラ ››› P053
チーター ››› P070
ハシビロコウ ››› P093

●千葉県 市川市

市川市動植物園

いちかわしどうしょくぶつえん

展示数
約50種
400点

右：動植物園の
入口。自然観察
園・バラ園・観
賞植物園も隣接

動物のかわいい仕草に癒される

動物たちの魅力を間近に感じられる動物園です。スマトラオランウータンなどの貴重な動物や、人気のレッサーパンダやアルパカも飼育されています。水が流れるパイプをコツメカワウソが滑って遊ぶ「流しカワウソ」などが話題になっています。

上：人気者のミーアキャットがいる小獣舎には、ほかにタヌキ、ハクビシン、カワウソなど小型食肉目の動物も暮らしています

☎047-338-1960
🏠 市川市大町 284-1
🚃【鉄道】JR 武蔵線「市川大野駅」北口から京成バス「動植物園」行き（土日祝のみ運行）で約 40 分、終点下車すぐ【車】京葉道路市川 IC から約 7km
🎫 入園料　440 円
🕘 9:30 ～ 16:30（最終入園は 16:00）
🈺 月曜（祝日の場合は翌平日）
🅿 240 台（1 日 500 円）

この本に登場する動物

公式サイトへ

レッサーパンダ ››› P025
アルパカ ››› P041
オランウータン ››› P056
ニホンザル ››› P063

●千葉県 市原市

市原ぞうの国

いちはらぞうのくに

展示数
約70種
300点

ゾウさんとふれあえるスポット

ゾウのショーを見た後に、背中に乗ったり、鼻にぶら下がったり、ほかではできない体験ができます。カバやレッサーパンダなども暮らしており、エサをあげることもできます。

左：「ぞうさんリフト」では鼻にぶら下がる貴重な体験ができます。ショーの前にチケットを購入しておきましょう（🎫2500 円）
右：お絵かきやサッカーなどの妙技が見られるパフォーマンスタイムは平日 1 回、土・日曜、祝日 2 回実施します（所要時間約30 分）

☎0436-88-3001
🏠 市原市山小川 937
🚃【鉄道】小湊鐵道「高滝駅」から車で約 8 分、または無料送迎バス（要予約）で約 10 分【車】首都圏中央連絡自動車道市原舞鶴 IC から大多喜街道、県道 168 号経由で約 2km
🎫 入園券　2200 円
🕙10:00 ～ 16:30（入園受付 15:30 まで）季節によって変動あり、混雑時は開園時間が早まることもあり
🈺 不定休（公式サイトを要確認）
🅿400 台（1 回 1000 円）

この本に登場する動物

公式サイトへ

カピバラ ››› P037
ゾウ ››› P086

● 千葉県 富津市

マザー牧場

まざーぼくじょう

展示数
約16種
900点

右：「ひつじの大行進」では約200頭のヒツジの移動を見学できる。ヒツジとのふれあいタイムも

緑と花と動物いっぱいの観光牧場

ヒツジやアルパカなど、たくさんの動物とふれあえる観光牧場。動物ふれあいイベントを毎日開催しているほか、季節の花畑や遊園地、グルメまで揃っています。

☎0439-37-3211
🏠富津市田倉 940-3
🚌【鉄道】JR内房線「君津駅」南口から日東交通バス「マザー牧場」行きで約35分、終点下車すぐ【車】館山自動車道君津ICから県道163号経由で約12km、または君津PAスマートIC（ETC車限定）から県道163号経由で約8km
💰入場料　1500円
🕐9:30～16:30（土・日曜、祝日は9:00～17:00、季節により変動あり）
🈺12月と1月にあり
🅿4000台（1日1000円）

上：マザーファームツアーDXの様子

公式サイトへ

この本に登場する動物

アルパカ ››› P042
ホワイトベルティッドギャロウェイ ››› P140

● 東京都 江戸川区

江戸川区自然動物園

えとがわくしぜんどうぶつえん

展示数
約58種
690点

園内には「動物クイズ」があるので挑戦してみよう

ふれあえる人気動物もいっぱい

江戸川区立行船公園内にある入園無料の動物園。ウサギやモルモット、ヒツジなどおとなしい動物や、レッサーパンダ、オオアリクイなど人気の動物にも会えるため、かなりお得感があります。

☎03-3680-0777
🏠江戸川区北葛西 3-2-1 行船公園内
🚌【鉄道】東京メトロ東西線「西葛西駅」北口から徒歩約15分【車】首都高速道路中央環状線清新出口から船堀街道経由で約1km、または首都高速7号小松川線小松川出口から船堀街道経由で約3km
💰入場無料
🕐10:00～16:30（土・日曜、祝日は9:30～、11～2月は～16:00）
🈺月曜（祝休日の場合は翌平日）
🅿なし（近隣に宇喜田公園有料駐車場あり）

この本に登場する動物

ワタボウシタマリン ››› P099
オオアリクイ ››› P112
プレーリードッグ ››› P150

公式サイトへ

●東京都 台東区

東京都恩賜上野動物園

とうきょうとおんしうえのどうぶつえん

展示数
約300種
3000点

下：東園にある「ホッキョクグマとアザラシの海」。アシカや、極地に住む鳥たちも飼育・展示されています

日本で最も古くからある動物園

開園は明治15（1882）年、100年以上の歴史がある動物園です。ゴリラやトラ、ゾウやクマたちがいる東園と、両生爬虫類館や小獣館がある西園に分かれています。入園は2021年10月現在、整理券制です。入園方法や展示動物の最新情報は公式サイトで要確認。

写真提供：（公財）東京動物園協会

☎03-3828-5171
🏢 台東区上野公園9-83
🚃【鉄道】JR「上野駅」公園口から徒歩約5分
【車】首都高速1号上野線「上野出口」から上野駅不忍口経由で約1km
🎫 入園料　600円
🕐 9:30〜17:00（最終入園は16:00）
📅 月曜（祝日の場合は翌平日）、12/29〜1/1
🅿 なし（※周辺に有料駐車場あり）

公式サイトへ

この本に登場する動物

ジャイアントパンダ ››› P016

―――――――――――――――――

●東京都 羽村市

羽村市動物公園

はむらしどうぶつこうえん

展示数
約90種
700点

右：アニメで一躍脚光を浴びたサーバルキャットにも会えます

アットホームな雰囲気が魅力

昭和53（1978）年、日本ではじめての町営動物園として開園。ふれあいコーナーには童話をテーマにした、「ヤギさんの童話ランド」「ブタさんの童話ランド」などがあり、エサをあげることができます（🎫200円）。

上：「サバンナ園」ではアミメキリンの「コマチ」、グラントシマウマの「ナナカ」たちが一緒の敷地でのんびりと暮らしています

公式サイトへ

☎042-579-4041
🏢 羽村市羽4122
🚃【鉄道】JR 青梅線「羽村駅」から徒歩約20分
【車】首都圏中央連絡自動車道青梅ICから国道16号経由で約16km
🎫 入園料　400円
🕐 9:00〜16:30（11〜2月は〜16:00、最終入園は閉園30分前）
📅 月曜（祝日の場合は営業）、12/29〜1/1
🅿 300台（土・日曜、祝日は有料）

この本に登場する動物

キリン ››› P082
ミーアキャット ››› P152

● 神奈川県 横浜市

よこはま動物園ズーラシア

よこはまどうぶつえんずーらしあ

展示数
約100種
760点

動物の自然な姿に遭遇

動物が暮らす自然環境に近づけた展示をコンセプトに、動物だけでなく、各ゾーンにある植物やオブジェも本格的に再現。8ゾーンを巡れば世界一周気分を味わえます。

「アフリカのサバンナ」ゾーンは、動物が暮らす環境が再現され、自然に近い姿を観察することができます

☎045-959-1000
🏠 横浜市旭区上白根町 1175-1
🚃【鉄道】JR 横浜線・横浜市営地下鉄「中山駅」南口、または相鉄線「鶴ヶ峰駅」北口・「三ツ境駅」北口から横浜市営バス・相鉄バス・神奈中バス「よこはま動物園」行きで約15分、終点下車すぐ【車】保土ヶ谷バイパス下川井 IC から中原街道を経由で約 2km
🎫 入園料　800円
🕘9:30 ～ 16:30（最終入園は 16:00）
🏠 火曜（祝日の場合は翌平日）、12/29 ～ 1/1　※臨時開園あり
🅿2200 台（1 回 1000 円）

この本に登場する動物

ホッキョクグマ ››› P047
ライオン ››› P066
カンガルー ››› P074
アカアシドゥクラングール ››› P124
ウーリーモンキー ››› P125
テングザル ››› P125
オカピ ››› P137
シロフクロウ ››› P145
ミーアキャット ››› P153
カワウソ ››› P157

公式サイトへ

● 神奈川県 横浜市

横浜市立野毛山動物園

よこはましりつのげやまどうぶつえん

展示数
約93種
2050点

野毛山公園内にある動物園

昭和 26（1951）年に開園。丘陵を利用した園内にはレッサーパンダ、キリン、ペンギンなど人気動物のほか、爬虫類、鳥類も飼育されています。「なかよし広場」ではモルモットやハツカネズミとふれあえます。

上：動物園の入口　下：人気者のキリン

☎045-231-1307
🏠 横浜市西区老松町 63-10
🚃【鉄道】京急本線「日ノ出町駅」から徒歩約 10 分、JR・横浜市営地下鉄「桜木町駅」から徒歩約 15 分
【車】首都高速神奈川 11 号横羽線みなとみらい出入口から約 2km
🎫 入園無料
🕘9:30 ～ 16:30（最終入園は 16:00）
🏠 月曜（祝日の場合は翌平日、5・10 月は営業）
12/29 ～ 1/1
🅿 なし（近隣にあり）

公式サイトへ

この本に登場する動物

フサオマキザル ››› P097
モルモット ››› P159

● 神奈川県 横浜市

横浜市立金沢動物園

よこはましりつかなざわどうぶつえん

展示数
約48種
1570点

右：オオカンガルーはウォークスルー展示で、間近で見られます

自然体の動物たちに会える

緑豊かな園内では、ゾウやキリンなど大型草食動物を中心に飼育しています。サイやオカピなどの希少動物をはじめ、愛くるしいコアラも観察できます。昆虫などを展示する「身近ないきもの館」も人気です。

☎045-783-9100
🏠 横浜市金沢区釜利谷東 5-15-1
🚃【鉄道】京急線「金沢文庫駅」西口から京急バス「野村住宅センター」行きで約 12 分「夏山坂上」下車徒歩約 6 分【車】横浜横須賀道路釜利谷 JCT から高速駐車場直結
🎫 入園料　500 円
🕘9:30 ～ 16:30（最終入園は 16:00）
🈺 月曜（祝日の場合は翌平日、5・10 月は営業）、12/29 ～ 1/1
🅿1200 台（1 回 600 円）

上：オオツノヒツジは英名で「Bighorn sheep」。その名の通り大きな角がシンボルマーク

この本に登場する動物

公式サイトへ

コアラ ››› P030
ゾウ ››› P086
オカピ ››› P136

● 静岡県 静岡市

静岡市立日本平動物園

しずおかしりつにほんだいらどうぶつえん

展示数
約150種
700点

下：「猛獣館 299」では、ホッキョクグマ、アムールトラ、ピューマなど 8 種類の動物を展示しています

工夫の展示で動物たちもいきいき

「猛獣館 299（に・きゅっ・きゅ～）」をはじめ「レッサーパンダ館」「オランウータン館」など、動物たちをさまざまな角度から観察できる施設が充実しています。同園は、全国のレッサーパンダの繁殖管理を行う「レッサーパンダの聖地」としても知られています。

☎054-262-3251
🏠 静岡市駿河区池田 1767-6
🚃【鉄道】JR 東海道本線「東静岡駅」南口からしずてつジャストライン「日本平線」で約 10 分「動物園入り口」下車、徒歩約 5 分【車】東名高速道路日本平久能山スマート IC から約 5km
🎫 入園料　620 円
🕘9:00 ～ 16:30（最終入園は 16:00）
🈺 月曜（祝日の場合は翌平日）、12/29 ～ 1/1
🅿1000 台（1 回 620 円）

この本に登場する動物

公式サイトへ

レッサーパンダ ››› P025
ニホンザル ››› P060
ブラッザグエノン ››› P098

● 静岡県 伊東市

伊豆シャボテン動物公園

いずしゃぼてんどうぶつこうえん

展示数
約140種
1400点

放し飼いの動物たちがお出迎え

緑豊かな園内に、リスザルやクジャクが放し飼いにされており、自由で開放的な空間で動物たちとのふれあいが楽しめます。元祖・露天風呂で有名になったカピバラや、日本初の「アニマルボートツアーズ」も人気です。

☎0557-51-1111
⚓ 伊東市富戸 1317-13
🚃【鉄道】伊豆急行線「伊豆高原駅」北口から東海バス「シャボテン公園」行きで約20分、終点下車すぐ【車】西湘バイパス石橋 IC から国道 135 号経由で約50km
🎫 入園料 2400 円
🕐9:00～17:00（11～2月は～16:00、最終入園は閉園30分前）
🈺 無休
🅿400 台（有料）

上：リスザルたちのごはんタイムにエサやり体験ができます
下：「モンキー島上陸コース」ではワオキツネザルなどに大接近

この本に登場する動物

カピバラ ››› P037
ワオキツネザル ››› P101
ミナミコアリクイ ››› P113
ミーアキャット ››› P153

公式サイトへ

● 静岡県 東伊豆町

伊豆アニマルキングダム

いずあにまるきんぐだむ

展示数
約47種
460点

歩いてめぐるサファリ

伊豆半島の開放的な空間に、ホワイト・タイガーやサイなどが暮らす動物テーマパーク。動物たちに大接近してエサやりもできる「ウォーキングサファリ」が好評です。かわいらしいオリジナルのぬいぐるみも要チェック。

☎0557-95-3535
⚓ 東伊豆町賀茂郡東伊豆町稲取 3344
🚃【鉄道】伊豆急行線「伊豆稲取駅」から南伊豆東海バス「伊豆アニマルキングダム」行きで約10分、終点下車すぐ【車】西湘バイパス石橋 IC から国道 135号経由で約70km
🎫 入園料 2500 円
🕐9:30～17:00（10～3月は～16:00）
🈺6・12 月に各 3 日間
🅿750 台（1台 500 円）

上：上空から眺めたキングダム。広大な敷地内に動物たちがのびのび暮らしています

上：モフモフで人気のアルパカにも会えます

公式サイトへ

この本に登場する動物

ホワイトタイガー ››› P108
ヨツユビハリネズミ ››› P160

● 静岡県 裾野市

富士サファリパーク

ふじさふぁりぱーく

展示数
約70種
900点

右:鎧のような体、大きな角のあるサイもすぐ目の前に

富士山麓のサファリでのびのび

富士山南麓に位置するサファリパーク。車で巡る「サファリゾーン」はライオンやゾウ、キリンなどの動物が間近に迫ってきます。森林浴をしながら、サファリゾーン外側を一周する「ウォーキングサファリ」もおすすめです。

上:陸上最速のチーター、ウォーキングサファリのコース内にある「チーターテラス」からじっくり見ることができます

☎055-998-1311
⊕ 裾野市須山藤原 2255-27
❷【鉄道】JR 御殿場線「御殿場駅」から富士急バス「ぐりんぱ」「十里木」行きで約 35 分「富士サファリパーク」下車すぐ【車】東名高速道路裾野 IC から県道 24 号経由で約 10km、または新東名高速道路新富士 IC から約 18km
㉃ 入園料　2700 円
🕐9:00 ～ 15:30 (季節によって変動あり)
🈺 無休
Ⓟ1400 台

この本に登場する動物

ライオン ››› P066
アメリカグマ ››› P078
ヒグマ ››› P078
キリン ››› P082
ゾウ ››› P085

公式サイトへ

● 静岡県 掛川市

掛川花鳥園

かけがわかちょうえん

展示数
約120種
900点

右：後頭部に羽ペンが刺さってるような特徴を持つヘビクイワシ。「キック」はショーも行います

花と鳥とのふれあいが楽しめる

広大な敷地に牧場や大温室、スイレンプールなどがあります。飼育されている鳥たちのほとんどがケージや檻に入っていないため、直接ふれあうことができます。手からエサをついばむ鳥たちをじっくり観察してみましょう。

上:走鳥類のなかではおとなしく、人なつっこい飛べない鳥エミュー。後ろにさがることができない動物として有名です

☎0537-62-6363
⊕ 掛川市南西郷 1517
❷【鉄道】JR「掛川駅」北口 2 番乗り場から「市街地循環線南回り」で約 10 分「掛川花鳥園前」下車すぐ【車】東名高速道路掛川 IC から約 1km
㉃ 入園料　1500 円
🕐9:00 ～ 16:30 (最終入園は 16:00)
🈺 第 2・4 木曜 (祝祭日、繁忙期を除く)
Ⓟ400 台

この本に登場する動物

ハシビロコウ ››› P089
アフリカオオコノハズク ››› P143

公式サイトへ

● 愛知県 名古屋市

名古屋市東山動植物園

なごやしひがしやまどうしょくぶつえん

飼育
種類数
約450種

飼育している動物の種類は日本一

広大な東山公園内にある動植物園。「動物
園本園」と「動物園北園」があり、有名なイ
ケメンゴリラやユニークな鳴き声が話題のフ
クロテナガザル、チンパンジー、コアラといっ
た人気アニマルが勢揃いしています。

上：名前を呼ぶと反応してくれ
ることもあるカバの「重吉」

☎052-782-2111
🏠 名古屋市千種区東山元町 3-70
🚉【鉄道】名古屋市営地下鉄東山線「東山公園駅」3
番出口から徒歩約3分
【車】東名高速道路名古屋 IC から県道 60 号経由で
約4km
🎫 入園料　500 円
🕐 9:00 ～ 16:50（最終入園は 16:30）
🈲 月曜（祝日の場合は翌平日）、12/29 ～ 1/1
🅿 1600 台（1 回 800 円）

この本に登場する動物

コアラ ››› P031
ゴリラ ››› P051
チンパンジー ››› P057
フクロテナガザル ››› P105
オオアリクイ ››› P112
カナダヤマアラシ ››› P117
マヌルネコ ››› P122
ラーテル ››› P139
プレーリードッグ ››› P151

上：吊りカゴに入っているエサを
食べに来るアミメキリン、すぐ近
くで見られます

公式サイトへ

● 愛知県 犬山市

日本モンキーセンター

にほんもんきーせんたー

展示数
約60種
800点

サルの仲間の展示数は世界最多

サルの展示数では世界屈指の動物園。ゴリ
ラなどの人気者や、日本で唯一ここにしかい
ない希少な霊長類にも会えます。放し飼いエ
リア「Wao ランド」「リスザルの島」も人気。

右：アフリカ
館にいる「クチ
ヒゲグエノン」。
黄色い毛が特
徴です

☎0568-61-2327
🏠 犬山市犬山官林 26
🚉 名古屋鉄道犬山線「犬山駅」から岐阜バス「リト
ルワールド・モンキーパーク線」で約 5 分「モンキー
パーク」下車すぐ【車】中央自動車道小牧東 IC から
尾張パークウェイ経由で約 12km
🎫 入園料　800 円
🕐 10:00 ～ 17:00（11 ～ 2 月は～ 16:00）
🈲 火・水曜（祝日の場合は営業）、1 月下旬～ 2 月中
旬の平日
🅿 500 台（有料）

左：「サイクスモンキー」
が見られるのは国内で
はここだけ

この本に登場する動物

ゴリラ ››› P053
シシオザル ››› P095
アヌビスヒヒ ››› P094
マンドリル ››› P095
ワオキツネザル ››› P102
シロガオサキ ››› P126
アンゴラコロブス ››› P127
ヒゲサキ ››› P127
ボリビアリスザル ››› P161

公式サイトへ

●長野県 長野市

長野市茶臼山動物園

ながのしちゃうすやまどうぶつえん

展示数
約74種
830点

動物だけでなく見晴らしも人気

山の斜面を利用した約15haの園内に、レッサーパンダ、オランウータン、ライオンなどの動物を飼育展示しています。動物園裏側探検隊や8月の夜間開園も実施。善光寺平を展望できる見晴らしのよさも魅力です。

上：ニホンザルの親子仲睦まじい様子 右：アムールトラの「なごみ」。園の人気者です

☎026-293-5167
🏠 長野市篠ノ井有旅570-1
🚋【鉄道】JRしなの鉄道「篠ノ井駅」から徒歩で約1時間、車で約15分【車】長野自動車道更埴ICから県道387号・86号経由で約10km
🎫 入園料　600円
🕘9:30～16:30（12～2月は10:00～16:00、最終入園は閉園30分前）
🈲12～2月の月曜（祝日の場合は翌日）、12/29～31
🅿690台

この本に登場する動物

レッサーパンダ ››› P022
アルパカ ››› P043
ウォンバット ››› P133

公式サイトへ

●長野県 須坂市

須坂市動物園

すざかしどうぶつえん

展示数
約50種
250点

右：飼育員さんの愛が感じられる園内。お風呂好きなカピバラもカリン風呂を堪能

自然に囲まれた小さな動物園

さくらの名所100選・日本の名松100選に選ばれた臥竜公園内にある動物園。手づくり案内板の設置、SNSでの情報発信、体験学習の受け入れなど、動物との距離を縮めるさまざまな取り組みが話題。

上：「ふれあいはうす with ピュアプラス」でモルモットたちに大接近。事前に整理券をゲットしましょう

☎026-245-1770
🏠 須坂市臥竜2-4-8
🚋【鉄道】長野電鉄「須坂駅」から徒歩約25分、または、すざか市民バスで「臥竜公園」「臥竜公園入口」で下車、徒歩約10分【車】上信越自動車道須坂長野東ICから国道403号経由で約5km
🎫 入園料　200円
🕘9:00～16:45（最終入園は16:00）
🈲月曜（祝日の場合は翌日、4月は無休）、12/29～31
🅿700台

この本に登場する動物

アライグマ ››› P078
シロフクロウ ››› P145
プレーリードッグ ››› P150

公式サイトへ

● 長野県 山ノ内町

地獄谷野猿公苑

じごくだにやえんこうえん

展示数 1種

野生のサルたちが集まるスポット

志賀高原の麓、「地獄谷」と呼ばれるエリアにあり、野生のニホンザルを観察できる施設です。ここには人間とサルを隔てる檻や柵がないため、より自然に近いサルたちの姿を間近で観察できるのが魅力となっています。

☎0269-33-4379

🏠下高井郡山ノ内町平穏6845

🚃【鉄道】長野電鉄「湯田中駅」から長電バス「スノーモンキーパーク」行きで約15分、終点下車、徒歩約35分【車】上信越自動車道信州中野ICから国道292号経由で上林温泉駐車場まで約14km

🎫入苑料 800円

🕐夏季（4月～10月頃）8:30～17:00、冬季（11月～3月頃）9:00～16:00 🚫無休 ※野生動物のためサルが公苑にいないことがあります

🅿️上林温泉駐車場を利用

上：夏には暑さに負けず元気に遊び回る子ザルたちを見ることができます

上：赤ちゃんは3～4歳くらいまで小さくて、子どもらしい姿をしています

この本に登場する動物

ニホンザル ››› P059

公式サイトへ

● 石川県 能美市

いしかわ動物園

いしかわどうぶつえん

展示数 約180種 4000点

園内どこかで食事ガイドを実施

「南米の森」「オーストラリアの平原」「アフリカの草原」など、テーマ別に20エリアあり、動物たちが生息する環境を考えた展示をしています。園内各所で実施している「動物たちのお食事ガイド」も、ぜひチェックして。

☎0761-51-8500

🏠能美市徳山町600

🚃【鉄道】JR北陸本線「小松駅」から車で約30分【車】北陸自動車道小松ICから県道25・54・22号経由で約11km

🎫入園料 840円

🕐9:00～17:00（11～3月は～16:30、最終入園は閉園30分前）

🚫火曜（祝日の場合は翌平日、春・夏休みは営業）、12/29～1/1

🅿️1300台

上：エントランス広場のすぐ前にある「アシカ・アザラシたちのうみ」

上：ホワイトタイガーやライオン、ヒョウたちが暮らすのは「ネコの谷」

この本に登場する動物

レッサーパンダ ››› P023
コビトカバ ››› P131

公式サイトへ

●福井県 鯖江市

鯖江市西山動物園

さばえしにしやまどうぶつえん

展示数
11種
58点

レッサーパンダがいっぱい

中国の「北京動物園」から日中友好の象徴として希少動物を贈られ昭和60（1985）年に開園。特に、レッサーパンダの繁殖では国内有数の実績を誇り、ここで生まれたレッサーパンダが、全国各地の動物園で活躍しています。

☎0778-52-2737
🏠鯖江市桜町 3-8-9
🚉【鉄道】福井鉄道福武線「西鯖江駅」から徒歩約6分【車】北陸自動車道鯖江 IC から県道 39 号、国道 417 号経由で約 3km
🎫入園無料
🕐9:00 ～ 16:30
🈳月曜（祝日の場合は翌平日）
🅿近隣にあり

上：西山公園の中腹にあるちいさな動物園です
下：ボリビアリスザルは大人でも体重 1kg くらいの小型ザル

公式サイトへ

この本に登場する動物

レッサーパンダ ››› P021

●和歌山県 白浜町

アドベンチャーワールド

あどべんちゃーわーるど

展示数
約140種
1400点

パンダ家族が暮らすテーマパーク

西日本を代表する動物のテーマパーク。7 頭のパンダに会えるほか、サファリワールド、マリンワールド、ふれあい広場など、みどころ&遊びどころがいっぱいです。可愛いパンダグッズやオリジナルメニューも見逃せません。

☎0570-06-4481
🏠西牟婁郡白浜町堅田 2399
🚉【鉄道】JR 紀勢本線「白浜駅」から明光バス「アドベンチャーワールド」行きで約 10 分、終点下車すぐ【車】紀勢自動車道南紀白浜 IC から県道 34 号経由で約 3km
🎫入園料　4800 円
🕐10:00 ～ 17:00（変動あり）
🈳不定休
🅿5000 台（1 日 1200 円）

上：サファリワールドで悠然と暮らすライオンたち
下：キリンに直接エサをあげられる「キリンフィーディング」は「WOW！ツアー」に参加すれば体験できます（要予約）

公式サイトへ

この本に登場する動物

ジャイアントパンダ ››› P015

● 大阪府 大阪市

天王寺動物園

てんのうじどうぶつえん

展示数 約180種 1000点

通天閣の街に位置する動物園

ライオン、トラといった定番の人気者があべのハルカスや通天閣を背景にしたロケーションでのんびり暮らしています。貴重なはく製などが見られる博物館や、街の夜景をバックにした「ナイトZOO」も実施しています。

上：開園は大正4(1915)年。100年を超える歴史をもつ都市型の動物園です

上：広いドーム状の施設「鳥の楽園」。泉やせせらぎなどを再現し多くの鳥たちが暮らしています

☎06-6771-8401
🏠 大阪市天王寺区茶臼山町1-108
🚃【鉄道】大阪市営地下鉄御堂筋線「動物園前駅」1番出口から新世界ゲートまで徒歩約5分、またはJR天王寺駅からてんしばゲートまで徒歩約6分【車】阪神高速14号松原線天王寺出口からすぐ
🎫 入園料　500円
🕘9:30～17:00（土・日曜、祝日は動物園公式サイトからの事前予約が必要、最終入園は閉園1時間前）
🈺 月曜（祝日の場合は翌平日）、12/29～1/1
🅿 近隣にあり

公式サイト

この本に登場する動物

ホッキョクグマ ››› P045
キーウィ ››› P140

● 大阪府 吹田市

ニフレル

にふれる

展示数 約180種 4000点

右：「うごきにふれる」ゾーンでは動物たちが自由気ままに動き回っています。お食事タイムもあります（時間は不定期です）

生きものを五感で楽しめる展示

「いろにふれる」「わざにふれる」「およぎにふれる」など8つのゾーンがあり、多様性をテーマに、ゾーンごとに趣向を凝らした展示が魅力です。生きものの解説板が俳句のように五・七・五で書かれているのも要チェック。

上：カピバラもワオキツネザルも一緒に暮らしています

☎0570-022060（ナビダイヤル）
🏠 大阪府吹田市千里万博公園2-1 EXPOCITY内
🚃【鉄道】大阪モノレール「万博記念公園駅」から徒歩約2分、土・日曜、祝日限定で、阪急大阪梅田駅から直行バス運行【車】名神高速道路近畿自動車道の吹田IC、中国自動車道の中国吹田IC下車
🕙 平日10:00～18:00　土・日曜、祝日9:30～19:00（最終入館は閉館1時間前まで）※状況により変更あり
🎫 入場料　2000円
🈺 年に1度設備点検のための臨時休館あり
🅿4100台（EXPOCITY駐車場　入館で120分無料）

公式サイト

この本に登場する動物

ホワイトタイガー ››› P108
ミニカバ ››› P130
アナホリフクロウ ››› P147

●大阪府 池田市

池田市立五月山動物園

展示数
13種
64点

いけだしりつさつきやまどうぶつえん

ウォンバットと仲間たちに接近

さくらの名所としても有名な「五月山公園」内にあり、開園は昭和32（1957）年。オーストラリアの珍獣ウォンバットやベネットアカクビワラビー、アルパカやミニブタなど人気の動物たちにも会えるのに入園は無料です。

☎072-753-2813
🏠 池田市綾羽 2-5-33 五月山公園内
🚃【鉄道】阪急宝塚線「池田駅」から徒歩約15分
【車】阪神高速11号池田線川西小花出口から約1km
🎫 入園無料
🕐9:15〜16:45
❌ 火曜（祝日の場合は翌平日）
🅿 五月山公園駐車場158台（最初の1時間300円、以降20分ごとに100円加算）

上：動物園正面入口。入ってすぐにエミューがいます
下：3歳以上の未就学児対象の「ポニー乗馬」（現在休止中）

公式サイト

この本に登場する動物
ウォンバット ››› P134

●京都府 京都市

京都市動物園

展示数
約120種
530点

きょうとしどうぶつえん

近くて楽しい動物園

明治36（1903）年に開園した歴史ある動物園。「アフリカの草原」「京都の森」「おとぎの国」など7エリアに分かれて動物たちが暮らしています。アジアゾウやグレービーシマウマの繁殖にも取り組んでいます。

☎075-771-0210
🏠 京都市左京区岡崎法勝寺町岡崎公園内
🚃【鉄道】京都市営地下鉄「蹴上駅」から徒歩約7分【車】名神高速道路京都東ICから府道143号経由で約5km
🎫 入園料　620円
🕐9:00〜17:00（12〜2月は〜16:30）
※最終入園は閉園30分前
❌ 月曜（祝日の場合は翌平日）、12/28〜1/1
🅿 近隣に有料の市営駐車場があります

上：正面エントランス内に「図書館カフェ」があります※新型コロナウィルス感染症拡大防止のため現在は図書の閲覧を中止しています

上：「ゾウの森」では5頭のアジアゾウが暮らしています

公式サイト

この本に登場する動物
ニシゴリラ ››› P052
アカゲザル ››› P099

● 兵庫県 神戸市

神戸市立王子動物園

こうべしりつおうじどうぶつえん

展示数
約130種
800点

上：エントランスには
ジャイアントパンダの
イラストが
左：アジアゾウのオス
「マック」とメスの「ズ
ゼ」が人気です

六甲山麓にある緑あふれる動物園

世界の動物たちと出会えます。楽しみながら
学べる「動物科学資料館」をはじめ、遊園
地も併設しています。神戸最大級の異人館
「旧ハンター住宅」も園内にあります。

☎078-861-5624
🏠 神戸市灘区王子町 3-1
❌【鉄道】阪急神戸線「王子公園駅」から徒歩約3分、
または JR 神戸線「灘駅」から徒歩約5分
【車】阪神高速3号神戸線摩耶出口から約3km
💰 入園料　600円
🕐9:00 〜 17:00（11 〜 2 月は 16:30、最終入園は
閉園 30 分前）
🚫 水曜（祝日の場合は営業）、12/29 〜 1/1
🅿390 台（0 〜 2 時間までの 30 分毎 150 円、2 〜
4 時間まで 30 分毎 100 円、4 時間以上 30 分毎
50 円加算）

この本に登場する動物

ジャイアントパンダ ››› P017
コアラ ››› P029
オランウータン ››› P056
ユキヒョウ ››› P070
マヌルネコ ››› P123
カワウソ ››› P157

公式サイトへ

● 兵庫県 神戸市

神戸どうぶつ王国

こうべどうぶつおうこく

展示数
約150種
800点

右：3 頭のアルパ
カが暮らしており
エサをあげることも
できます（💰1 カッ
プ 100 円）

ふれあいや体験が盛りだくさん

動物たちの生息地に近い環境を再現してい
ます。柵や檻がほとんどなく動物たちが自由
でのびのびした雰囲気です。「アジアの森」「熱
帯の森」などがある屋内エリアと、アルパカ
やカンガルーに会える屋外エリアがあります。

左：「熱帯の森」
には、カピバラや
フタユビナマケモ
ノなどの動物が
暮らしています

☎078-302-8899
🏠 神戸市中央区港島南町 7-1-9
❌【鉄道】ポートライナー「計算科学センター（神戸
どうぶつ王国 ・「富岳」前）」からすぐ【車】阪神高速
3 号神戸線京橋出口から約 6km、または阪神高速 5
号湾岸線住吉浜出口からハーバーハイウェイ経由で約
12km
💰 入場料　1800 円
🕐10:00 〜 16:00（曜日や季節により異なる）
🚫 木曜（祝日、ゴールデンウィーク、春・夏休みは営業）
🅿850 台（1 日 700 円）

この本に登場する動物

スナネコ ››› P033
サーバル ››› P071
カンガルー ››› P075
ハシビロコウ ››› P090
マヌルネコ ››› P122
オーストラリアガマグチヨタカ ››› P146

公式サイトへ

● 兵庫県 姫路市

姫路セントラルパーク

ひめじせんとらるぱーく

展示数 約70種 2000点

右：ドライブスルーサファリの大型草食ゾーンにいるミナミシロサイ

名物アイドル多数！飼育体験も

遊園地やプール、スケート場を擁する総合レジャーパーク。サファリバスやマイカーで巡るサファリと、エサやり体験や飼育体験ができるウォーキングサファリがあります。

☎079-264-1611
🏠 姫路市豊富町神谷1434
🚃【鉄道】JR「姫路駅」北口から神姫バス「姫路セントラルパーク」行きで約30分、終点下車すぐ【車】山陽自動車道山陽姫路東ICから県道373号経由で約7km
💴 入園料　3600円
🕐 サファリは10:00〜17:00（最終入園は閉園1時間前、季節によって変動あり）
🈺 水曜（祝日の場合は翌平日、ゴールデンウィークと春・夏・冬休みは営業）
🅿5000台（有料）

上：パーク内総選挙で第1位に輝いたコツメカワウソの「モミジ」と「カエデ」と2頭のお母さんの「アイ」

この本に登場する動物

ワラビー ››› P074
ヒグマ ››› P079
ホワイトライオン ››› P109

公式サイトへ

● 兵庫県 南あわじ市

淡路ファームパーク イングランドの丘

あわじふぁーむぱーく いんぐらんどのおか

展示数 約50種 200点

自然がいっぱいの施設

淡路島の中心にある花と動物のテーマパーク。イングランドの丘の顔として愛されてきた「コアラ館」のほか、「ひつじのくに」「うさぎのくに」「ラビットワーレン」などがあります。

☎0799-43-2626
🏠 南あわじ市八木養宜上1401
🚌【バス】洲本高速バスセンターから淡路交通バス「福良」行きで約30分、「イングランドの丘」下車、徒歩1分【車】神戸淡路鳴門自動車道洲本ICから国道28号経由で約7km
💴 入園料　1000円
🕐9:00〜17:00（4〜9月の土・日曜、祝日は〜17:30、最終入園は閉園30分前）
🈺 無休
🅿1000台

「イングランドエリア」にある広大な放牧場では、ヒツジたちがのんびり、ゆったり生活しています

公式サイトへ

この本に登場する動物

コアラ ››› P028

●広島県 福山市

福山市立動物園

ふくやましりつどうぶつえん

四季折々の豊かな自然も楽しめる

緑の木々など豊かな自然に囲まれた環境で、家族のレクリエーションや学びの場として、動物たちを間近で観察できます。国内唯一のボルネオゾウや、ネコ科で最も大きなアムールトラなど約60種の動物が生活しています。

☎084-958-3200

🏠 福山市芦田町福田 276-1

🚋【鉄道】JR 山陽本線・福塩線「福山駅」から中国バス「府中」行きで約 30 分、「山守」で乗り換え「柞磨」行きバスで約 15 分「動物園前」下車すぐ【車】山陽自動車道福山 IC から国道 182 号経由で約14km、または福山西 IC から県道 157 号経由で約23km

💴入園料　520 円

🕐9:00 ～ 16:30（最終入園は 16:00）

🈲火曜（祝日の場合は翌平日）

🅿700 台

上：乾燥した土地に住んでいるミーアキャット。可愛いらしい仕草がたまりません　下：200kg ある「ごろごろローラー」を転がすボルネオゾウの「ふく」

公式サイトへ

この本に登場する動物

ワラビー ››› P075

ワライカワセミ ››› P160

●島根県 松江市

松江フォーゲルパーク

まつえふぉーげるぱーく

花と鳥の全天候型パーク

2 つの鳥の温室をはじめ、園内各所でたくさんの鳥に出会えます。エサやり体験、フクロウショーやペンギンのお散歩などが人気です。バードショーではタカが観客の頭上スレスレを飛び、迫力満点。コミカルな動きがかわいいアヒルやカモたちも出演します。

☎0852-88-9800

🏠 松江市大垣町 52

🚋【鉄道】一畑電車北松江線「松江フォーゲルパーク駅」から徒歩すぐ【車】山陰自動車道宍道 IC から約20km

💴入園料　1500 円

🕐9:00 ～ 17:30（10 ～ 3 月は～ 17:00、最終入園は閉園 45 分前、イベント開催日は変更もあり）

🈲無休

🅿250 台

上：大人気の「ペンギンのお散歩」は午前と午後で 1 日 2 回開催　下：芝生広場ではタカやハヤブサなどが登場する「バードショー」を開催します（通常 🕐13:30 ～）

公式サイトへ

この本に登場する動物

ハシビロコウ ››› P091

メンフクロウ ››› P144

●山口県 美祢市

秋吉台自然動物公園サファリランド

あきよしだいしぜんどうぶつこうえんさふぁりらんど

展示数
約60種
600点

自然に暮らす動物たちに大接近

サファリゾーンでは車、またはバスに乗って園内で暮らしている動物たちを観察できます。小動物たちにエサをあげたり、さわったりできる「動物ふれあい広場」もあります。

自然に行動する動物たちの意外な姿に遭遇することも

☎08396-2-1000
🏠 美祢市美東町赤 1212
🚌【鉄道】JR「新山口駅」から防長バス「秋芳洞」行きで約 1 時間「秋芳洞」で乗り換え、「青海大橋」行きで約 30 分「サファリランド」下車すぐ【車】小郡萩道路絵堂 IC から国道 490 号経由で役 3km
🎫 入園料 2500 円
🕐9:30 ～ 17:00 (10/1 ～ 3/31 は～ 16:30、ゴールデンウィーク・お盆・年末年始は変更する場合あり)
💤 無休 (施設点検・改装工事、悪天候などで休園する場合あり)
🅿800 台

公式サイトへ

この本に登場する動物

トラ ››› P067
キリン ››› P081

///

●山口県 宇部市

ときわ動物園

ときわどうぶつえん

展示数
約27種
190点

右：市民の募金のよって昭和 30 (1955) 年に前身となる動物園が開園。以来地元に愛され続けてきた動物園

自然再現型の展示が特徴

動物たちの生息環境を再現した展示で、「アジアの森林ゾーン」「中南米の水辺ゾーン」「山口宇部の自然ゾーン」「アフリカの丘陵・マダガスカルゾーン」「学習施設ゾーン」があります。サルの種類が多く、まるで野生の地を旅しているようです。

上：「中南米の水辺ゾーン」でのんびり暮らすカピバラたち。水槽のガラス越しに、水の中で泳いでいる姿も見られます

☎0836-21-3541
🏠 宇部市則貞 3-4-1
🚌【鉄道】JR 宇部線「常盤駅」から徒歩約 15 分【車】山口宇部道路宇部南 IC から約 1km
🎫 入園料 500 円
🕐9:30 ～ 17:00 (最終入園は 16:30)
💤 火曜 (祝日の場合は翌日、イベント時は変更あり)、12/29 ～ 1/1
🅿1500 台 (時間制 200 円～)

この本に登場する動物

ジェフロイクモザル ››› P096
パタスモンキー ››› P096
ワオキツネザル ››› P103
シロテテナガザル ››› P105
ミーアキャット ››› P152

公式サイトへ

● 山口県 周南市

周南市徳山動物園

しゅうなんしとくやまどうぶつえん

展示数 約100種 500点

リニューアル絶賛進行中

動物たちとふれあえる「るんちゃ♪るんちゃ」をはじめ、雨の日も快適に過ごせる自然学習館「ねいちゃる」、野鳥を観察できる「野鳥観察所」などもおすすめです。

☎0834-22-8640
🏠 周南市徳山 5846
🚃【鉄道】JR「徳山駅」から徒歩で約 20 分、または徳山駅みゆき口バスターミナルから防長バス「動物園文化会館入口」下車すぐ
【車】山陽自動車道徳山東 IC から国道 2 号を西へ 5km
🎫入園料　600 円
🕘9:00 ～ 17:00 (10/20 ～ 2 月末は 9:00 ～ 16:30、最終入園は閉園 30 分前)
🈺火曜 (祝日の場合は翌平日)、12/29 ～ 31
🅿410 台

上：スリランカゾウの「ミリンダ」と「ナマリー」。元気いっぱいで仲よく暮らしています　下：高いところでもスイスイ歩くことができるヤギの習性を活かした行動展示をしています

この本に登場する動物

アライグマ ››› P076
マレーグマ ››› P076
メンフクロウ ››› P144

公式サイトへ

● 高知県 香南市

高知県立のいち動物公園

こうちけんりつのいちどうぶつこうえん

展示数 約106種 1300点

お食事タイムやイベントが豊富

山裾の緑豊かな環境のなか、動物たちの生息環境を再現した展示が特徴の動物公園。家族で、群れで、のびのび、生き生きと暮らしている動物たちが見られます。動物たちが出てきて音楽を奏でるからくり時計やピクニック広場の遊具も人気です。

☎0887-56-3500
🏠 香南市野市町大谷 738
🚃【鉄道】土佐くろしお鉄道「のいち駅」から徒歩約 20 分【車】高知自動車道南国 IC から国道 55 号経由で約 15km
🎫入園料　470 円
🕘9:30 ～ 17:00 (最終入園は 16:00)
🈺月曜 (祝日の場合は翌平日)、12/29 ～ 1/1
🅿300 台

上：豊かな自然に囲まれた公園内では四季の草花も楽しめます
下：入口ゲートを抜けた「温帯の森」エリアにレッサーパンダも暮らしています

この本に登場する動物

ハシビロコウ ››› P092
ナマケモノ ››› P115
プレーリードッグ ››› P151

公式サイトへ

●長崎県 西海市

長崎バイオパーク

ながさきばいおぱーく

展示数
約200種
2000点

檻や柵を減らし動物とふれあえる

コンセプトはズバリ〝ふれあい〟。園内を歩いているとキツネザルやミーアキャットたちがすぐそばまでやってくることも。カピバラやカンガルーなども放し飼いにされているので、さわったり、エサをあげたりできます。

☎0959-27-1090
🏠 西海市西彼町中山郷 2291-1
🚉【鉄道】JR 大村線「ハウステンボス駅」から車で約 30 分。または駅前ホテルローレライからシャトルバスで約 45 分（要予約）【車】西彼杵道路大串 IC から国道 206 号、県道 120 号経由で約 8km
🎫 入園料　1700 円
🕙10:00 ～ 17:00（最終入園は 16:00）
🈳 無休
🅿800 台

上：カピバラたちとふれあえます

公式サイトへ

この本に登場する動物

カピバラ ››› P039
チンチラ ››› P159

●鹿児島県 鹿児島市

鹿児島市平川動物公園

かごしましひらかわどうぶつこうえん

展示数
約140種
1000点

遊園地も併設している動物園

メインゲートを抜けると目の前には桜島と錦江湾をバックに「アフリカの草原ゾーン」が広がり、キリンやシマウマ、サイ、ダチョウの群れが。園内では足湯に入りながら動物たちや桜島を眺めることができ、ゆったりとした南国鹿児島の情緒も体感できます。

☎099-261-2326
🏠 鹿児島市平川町 5669-1
🚉【鉄道】JR 指宿枕崎線「五位野駅」から徒歩約 20 分【車】九州自動車道鹿児島 IC から指宿スカイライン、県道 219 号線経由で約 15km
🎫 入園料　500 円
🕙9:00 ～ 17:00（最終入園は 16:30）
🈳12/29 ～ 1/1
🅿630 台（1 回 200 円）

上：本園のキリンは「マサイキリン」という種類
下：メインゲートを抜けると広大なアフリカの草原ゾーンが広がります

公式サイトへ

この本に登場する動物

レッサーパンダ ››› P019
コアラ ››› P031

ジャンル	動物名	掲載ページ	見学できる主な施設
有毛目 アリクイ科 コアリクイ属	ミナミコアリクイ	P111	10、25、42
有毛目 ナマケモノ亜目 フタユビナマケモノ科	フタユビナマケモノ	P114	12、42、50
【鳥類】			
カワセミ科 ワライカワセミ属	ワライカワセミ	P160	45
キーウィ科 キーウィ属	キーウィ	P140	37
オーストラリアガマグチヨタカ科 オーストラリアガマグチヨタカ属	オーストラリアガマグチヨタカ	P146	10、42
フクロウ科 コキンメフクロウ属	アナホリフクロウ	P147	38
フクロウ科 コキンメフクロウ属	インドコキンメフクロウ	P143	9
フクロウ科 フクロウ属	エゾフクロウ	P147	2
フクロウ科 コノハズク属	アフリカオオコノハズク	P142	28
フクロウ科 ワシミミズク属	シロフクロウ	P145	21、32
メンフクロウ科 メンフクロウ属	メンフクロウ	P144	46、49
ハシビロコウ科	ハシビロコウ	P088	14、28、42、46、50
【サル／霊長類】			
オナガザル科	ニホンザル	P058	1、6、11、14、15、24、31、33
オナガザル科 オナガザル属	ブラッザグエノン	P098	24
オマキザル科 オマキザル属	フサオマキザル	P097	22
オナガザル科 コロブス亜科 アンゴラコロブス属	アビシニアコロブス	P098	1
オナガザル科 コロブス亜科 アンゴラコロブス属	アンゴラコロブス	P127	30
オマキザル科 タマリン属	ワタボウシタマリン	P099	18
オナガザル科 テングザル属	テングザル	P125	21
オナガザル科 ドゥクモンキー属	アカアシドゥクラングール	P124	21
オナガザル科 パタスモンキー属	パタスモンキー	P096	48
オナガザル科 ヒヒ属	アヌビスヒヒ	P094	30
オナガザル科 マカク属	アカゲザル	P099	40
オナガザル科 マカク属	シシオザル	P095	30
オナガザル科 マンドリル属	マンドリル	P095	30
オマキザル科 ヒゲサキ属	ヒゲサキ	P127	30
オマキザル科 リスザル属	ボリビアリスザル	P161	11、25、30、35
キツネザル科 エリマキキツネザル属	シロクロエリマキキツネザル	P097	11
キツネザル科 ワオキツネザル属	ワオキツネザル	P100	1、11、25、30、38、48
クモザル科 ウーリーモンキー属	ウーリーモンキー	P125	21
クモザル科 クモザル属	ジェフロイクモザル	P096	48
サキ科 サキ属	シロガオサキ	P126	30
ヒト科	オランウータン	P055	15、24、31、41
ヒト科ゴリラ属	ニシゴリラ	P051	14、29、30、40
ヒト科チンパンジー属	チンパンジー	P055	7、29
ヒト上科 テナガザル科 テナガザル属	シロテテナガザル	P105	48、50
ヒト上科 テナガザル科 フクロテナガザル属	フクロテナガザル	P104	29

動物 INDEX

※本書で紹介した動物が見学できる施設を一部抜粋して紹介します。記載のない施設でも見学できる場合がありますので、詳細は各施設の公式サイトをご確認ください。見学できる主な施設の番号は P4-5 の地図とも対応しています

\同時発売/

#かわいい #楽しい #癒し

#動物園に行こう

2021年11月1日　初版発行
2022年4月1日　二刷発行

編集人	長澤香理
発行人	今井敏行
発行所	JTBパブリッシング
	〒162-8446
	東京都新宿区払方町25-5
	https://jtbpublishing.co.jp/
編　集	Tel 03-6888-7860
販　売	Tel 03-6888-7893

編集・制作　情報メディア編集部
組版・印刷　佐川印刷

取材・編集　スリーコード（佐々木隆／ささきなおこ）
撮影・写真　末松正義／山田真哉／スリーコード／
　　　　　　各動物園の飼育スタッフの皆様
動画制作　　山崎紅葉
デザイン　　ME&MIRACO（石田百合絵／塚田佳奈）
イラスト　　佐藤香苗

#かわいい #楽しい #癒し

#水族館に行こう

日本全国の水族館や施設で人気の生きものを、施設横断で紹介。マゼランペンギン、ワモンアザラシ、カワウソ、ラッコ、ジンベエザメ、ジュゴンなど、あなたの"推し"を本書で見つけてください。